Schlobohm

Ladungssicherung – aber richtig!

12. Auflage

Bibliografische Informationen der Deutschen Nationalbibliothek

Die Deutsche Nationalbibliothek verzeichnet diese Publikation in der Deutschen Nationalbibliografie; detaillierte bibliografische Daten sind im Internet über www.dnb.de abrufbar.

Bei der Herstellung des Werkes haben wir uns zukunftsbewusst für umweltverträgliche und wiederverwertbare Materialien entschieden. Der Inhalt ist auf elementar chlorfreiem Papier gedruckt.

ISBN 978-3-609-69417-7
Verfasser:
W. Schlobohm
www.gws-schlobohm.de
Zeichnungen: M. Neumann
Tabellen: H. Hellmers

E-Mail: kundenservice@ecomed-storck.de

Telefon: +49 89/2183-7922
Telefax: +49 89/2183-7620

© 2019 ecomed SICHERHEIT, ecomed-Storck GmbH,
Landsberg am Lech

www.ecomed-storck.de

Dieses Werk, einschließlich aller seiner Teile, ist urheberrechtlich geschützt. Jede Verwertung außerhalb der engen Grenzen des Urheberrechtsgesetzes ist ohne Zustimmung des Verlages unzulässig und strafbar. Dies gilt insbesondere für Vervielfältigungen, Übersetzungen, Mikroverfilmungen und die Einspeicherung und Verarbeitung in elektronischen Systemen.

Satz: abavo GmbH, 86807 Buchloe
Druck: Westermann Druck, 08058 Zwickau

INHALT

Einführung 7

1	**Rechtliche Grundlagen**	9
1.1	Eine Auswahl von nationalen Vorschriften und Empfehlungen	9
1.2	Begriffsbestimmungen im Straßenverkehr	11
1.3	Pflichten des Fahrers	13
1.4	Vorschriftenauszüge und Kommentare	13
1.4.1	StGB	13
1.4.2	OWiG	15
1.4.3	StVO	18
1.4.4	StVZO	18
1.4.5	Berufsgenossenschaftliche Vorschriften (DGUV)	19
1.4.6	ADR	21
1.4.7	BGB	22
1.4.8	HGB	23
1.5	Verantwortlichkeiten	24
1.5.1	Verantwortlichkeiten Fahrzeugführer	24
1.5.2	Verantwortlichkeiten Verlader	25
1.5.3	Verantwortlichkeiten Fahrzeughalter	26
1.5.4	Verantwortlichkeiten Absender	26
1.5.5	Weitere Verantwortliche	27
1.5.6	Urteile	27
1.6	Haftungsfrage	27
1.7	Fürs Gedächtnis	28
1.8	Kontrollfragen	29
2	**Physikalische Grundlagen**	31
2.1	Kräfte	31
2.1.1	Gewichtskraft	33
2.1.2	Fliehkraft	33
2.1.3	Massenkraft (Trägheitskraft)	34
2.1.4	Normalkraft	34
2.1.5	Hangabtriebskraft	34
2.1.6	Reibung und Reibkraft	35
2.1.7	Hinweis zum ADR-Transport	37
2.1.8	Sicherungskraft	41
2.1.9	Vorspannkraft	41
2.1.10	Blockierkraft (BC)	41
2.2	Standfestigkeit (Kippsicherheit)	42

Inhalt

2.3	Fürs Gedächtnis	44
2.4	Kontrollfragen	45
3	**Anforderungen an das Transportfahrzeug**	**47**
3.1	Fahrzeugaufbauten	47
3.2	Belastbarkeit von Stirnwand und Seitenwänden bei Fahrzeugen über 3,5 t Gesamtmasse	48
3.3	Zurrpunkte	55
3.3.1	Zurrpunktschild	63
3.3.2	Festigkeit der Zurrpunkte	64
3.3.3	Anzahl der Zurrpunkte	65
3.4	Bodenbelastbarkeit des Fahrzeugs	66
3.5	Richtige Lastverteilung	68
3.5.1	Berechnung zur Lastverteilung	71
3.5.2	Lastverteilungsplan	72
3.6	Nutzvolumen	73
3.7	Fürs Gedächtnis	74
3.8	Kontrollfragen	75
4	**Arten der Ladungssicherung**	**77**
4.1	Das Niederzurrverfahren (Kraftschlüssige Ladungssicherung)	78
4.2	Das Diagonalzurrverfahren (Formschlüssige Ladungssicherung)	86
4.3	Schrägzurren	90
4.4	Horizontalzurren	91
4.5	Kombination aus form- und kraftschlüssiger Ladungssicherung	91
4.6	Buchtlaschung	91
4.7	Kopflasching	92
4.8	Fürs Gedächtnis	93
4.9	Kontrollfragen	93
5	**Zurrmittel für die Ladungssicherung**	**95**
5.1	Auswahl der Zurrmittel	95
5.2	Zurrgurte	97
5.2.1	Werkstoffe für Zurrgurte	97
5.2.2	Handhabung von Zurrgurten	98
5.2.3	Aufbau eines zweiteiligen Zurrgurtes	101
5.2.4	Ablegereife von Zurrgurten	102
5.2.5	Beispiele von Beschädigungen, die die Ablegereife zur Folge haben	103
5.2.6	Kennzeichnung	106
5.2.7	Kennzeichnung auf dem Zurrgurtetikett	109

Inhalt

5.3	Zurrketten	110
5.3.1	Werkstoffe für Zurrketten	110
5.3.2	Handhabung von Zurrketten	110
5.3.3	Aufbau einer Zurrkette	112
5.3.4	Ablegereife von Zurrketten	112
5.3.5	Beispiele von Beschädigungen, die die Ablegereife zur Folge haben	113
5.3.6	Kennzeichnung	114
5.3.7	Kennzeichnung auf dem Zurrkettenanhänger	114
5.4	Zurrdrahtseile und Zurr-Drahtseilgurte	115
5.4.1	Werkstoffe für Zurrdrahtseile und Zurr-Drahtseilgurte	115
5.4.2	Handhabung von Zurrdrahtseilen und Zurr-Drahtseilgurten	116
5.4.3	Aufbau eines Zurrdrahtseiles	118
5.4.4	Ablegereife von Zurrdrahtseilen und Zurr-Drahtseilgurten	119
5.4.5	Beispiele von Beschädigungen, die die Ablegereife zur Folge haben	120
5.4.6	Kennzeichnung	121
5.4.7	Kennzeichnung auf dem Zurrdrahtseilanhänger	121
5.5	Fürs Gedächtnis	122
5.6	Kontrollfragen	123
6	**Ermitteln der erforderlichen Sicherungskräfte**	**125**
6.1	Berechnung Niederzurren einer freistehenden, standfesten, stabilen Ladung anhand einer Tabelle	125
6.2	Berechnung Niederzurren mittels Formel	132
6.2.1	Berechnung Niederzurren in Fahrtrichtung mittels Formel	132
6.2.2	Berechnung Niederzurren quer zur Fahrtrichtung mittels Formel	133
6.3	Berechnung Niederzurren mit Blockierung mittels Formel	133
6.3.1	Berechnung Niederzurren mit Blockierung in Fahrtrichtung mittels Formel	133
6.3.2	Berechnung Niederzurren mit Blockierung in Fahrtrichtung, jedoch quer, mittels Formel	134
6.4	Berechnung der Sicherungskraft beim Diagonalzurren anhand einer Tabelle	135
6.5	Berechnung der Sicherungskraft beim Diagonalzurren mittels Formel	137
6.6	Berechnung der Sicherungskraft beim Schrägzurren	139
6.7	Berechnung der Sicherungskraft bei Formschluss	140
6.8	Formschluss-Berechnungen	140
6.9	Fürs Gedächtnis	142
6.10	Kontrollfragen	142

Inhalt

7	**Weitere Hilfsmittel zur Ladungssicherung**	145
7.1	Kantenschoner	145
7.2	Rundschlingen und Kopfbänder	149
7.3	Holz	151
7.4	Netze und Planen	153
7.6	Schienen	157
7.7	Rutschhemmende Unterlagen	159
7.8	Rungen	162
7.9	Umreifungen	163
7.10	Staupolster	164
7.11	Fürs Gedächtnis	165
7.12	Kontrollfragen	166

8	**Beispiele**	167
8.1	Hilfen zur Sicherung spezieller Ladegüter	167
8.1.1	Langgut	167
8.1.2	Flächiges Transportgut	176
8.1.3	Güter in Rollenform	179
8.1.4	Sackware und Big Bags	185
8.1.5	Einzelgüter	190
8.1.6	Ladungssicherung von Stückgut	199
8.1.7	Schüttgut	205
8.2	Mängel bei der Ladungssicherung	206
8.3	Unfälle	218
8.4	Bußgelder, Urteil	222
8.5	Fürs Gedächtnis	224
8.6	Kontrollfragen	225

9	**Anhang**	227
9.1	Im Buch verwendete Zeichen und Abkürzungen in Anlehnung an die DIN EN 12 195-1	227
9.2	Checkliste für die Ladungssicherung	230
9.3	Lösungen der Kontrollfragen	231

10	**Stichwortverzeichnis**	232

Einführung

EINFÜHRUNG

Was jeder wissen sollte, der etwas mit einem Fahrzeug transportiert.

Mit diesem Buch soll ein Einblick in die Grundbegriffe der Ladungssicherung gegeben werden. Sicherlich lassen sich viele Ladungssicherungsbeispiele darstellen, dies würde jedoch zu einem sehr umfangreichen Werk führen. Dieses Buch ist in Anlehnung an die VDI 2700a (Ausbildungsnachweis Ladungssicherung) aufgebaut.

Die häufigste Ursache für verlorene Ladung ist die fehlende oder mangelhafte Ladungssicherung der Transportgüter. Jährlich kommt es zu vielen Unfällen, bei denen hohe Sachschäden oder auch zum Teil Leicht- und Schwerverletzte zu beklagen sind. Oftmals denkt der Fahrzeugführer, dass die Ladung nicht verrutscht, weil sie ja so schwer ist. Das ist ein Irrtum, der für ihn und andere Verkehrsteilnehmer tödlich sein kann. Diese Ausbildungshilfe soll den Umgang mit der anzuwendenden Ladungssicherung vereinfachen, um derartige Irrtümer auszuräumen.

Der Fahrzeugführer muss vor Antritt und während des Transports die ordnungsgemäße Beladung seines Fahrzeugs überprüfen. Man könnte meinen, das sei alles kein Problem für den Fahrzeugführer. Es ist aber eine Reihe von Gesetzen, Vorschriften und Richtlinien, wie z.B. die StVO, UVV und VDI 2700 ff. sowie DIN, zu beachten. Einige Urteile des BGH, von OLG oder von Amtsgerichten lassen deutlich erkennen, dass die Ladungssicherung ernst zu nehmen ist.

Wie sieht die Praxis nun aber für den Kraftfahrer aus? Ist er allein verantwortlich oder trägt der Verlader auch Verantwortung? An dieser Stelle ein Grundsatz für alle Beteiligten: Alle Personen, die direkt oder indirekt mit der Verladung und dem Transport befasst sind, sind auch für die Ladungssicherung verantwortlich.

Dieser Satz sollte uns alle nachdenklich stimmen. Es wäre gut, wenn der Gesetzgeber in den Betrieben eine „Beauftragte Person für Ladungssicherung" vorgeben würde. Schließlich ist ja auch gefordert, dass der Kraftfahrer nach Berufskraftfahrer-Qualifikations-Gesetz ausgebildet sein muss.

Rechtsvorschriften 1.1

1 RECHTLICHE GRUNDLAGEN

1.1 EINE AUSWAHL VON NATIONALEN VORSCHRIFTEN UND EMPFEHLUNGEN

Öffentliches Recht

StGB	– Strafgesetzbuch
OWiG	– Ordnungswidrigkeitengesetz
StVG	– Straßenverkehrsgesetz (§§ 24 u. 25)
StVO	– Straßenverkehrs-Ordnung
StVZO	– Straßenverkehrs-Zulassungs-Ordnung

Gefahrguttransporte

GGVSEB	– Gefahrgutverordnung Straße, Eisenbahn und Binnenschifffahrt
GGVSee	– Gefahrgutverordnung See

Berufsgenossenschaft

DGUV Vorschrift A1	– Grundsätze der Prävention
DGUV Vorschrift 70	– Fahrzeuge
DGUV Information 214-003	– Ladungssicherung auf Fahrzeugen/Handbuch

Zivilrecht

StVG	– Straßenverkehrsgesetz (§§ 7 u. 18)
BGB	– Bürgerliches Gesetzbuch

Beförderungsrecht

GüKG	– Güterkraftverkehrsgesetz
HGB	– Handelsgesetzbuch
EVO	– Eisenbahn-Verkehrsordnung
CTU Code	– Verfahrensregeln der IMO/ILO/UNECE für das Packen von Güterbeförderungseinheiten
CMR	– Internationale Beförderungsbedingungen für grenzüberschreitenden Straßengüterverkehr
ADSp	– Allgemeine Deutsche Spediteurbedingungen

1.1 Rechtsvorschriften

Regeln der Technik (Richtlinien und Normen)
Verein Deutscher Ingenieure (VDI-Richtlinien)

VDI 2700	– Ladungssicherung auf Straßenfahrzeugen
VDI 2700 Blatt 1	– Ausbildung und Ausbildungsinhalte
VDI 2700 Blatt 2	– Berechnung von Sicherungskräften bei Fahrzeugen unter 3,5 t
VDI 2700 Blatt 3.1	– Gebrauchsanleitung für Zurrmittel
VDI 2700 Blatt 3.2	– Einrichtungen und Hilfsmittel zur Ladungssicherung
VDI 2700 Blatt 3.3	– Ladungssicherung auf Straßenfahrzeugen – Netze zur Ladungssicherung
VDI 2700 Blatt 4	– Lastverteilungspläne
VDI 2700 Blatt 5	– Ladungssicherung in QM-Systemen
VDI 2700 Blatt 6	– Zusammenladung von Stückgütern
VDI 2700 Blatt 7	– Ladungssicherung im kombinierten Ladungsverkehr
VDI 2700 Blatt 8.1	– Sicherung von Pkw und leichten Nutzfahrzeugen auf Autotransportern
VDI 2700 Blatt 8.2	– Sicherung von schweren Nutzfahrzeugen auf Fahrzeugtransportern
VDI 2700 Blatt 9	– Ladungssicherung von hart gewickelten Papierrollen
VDI 2700 Blatt 10.1	– Ladungssicherung von Betonfertigteilen – Flächige Betonfertigteile
VDI 2700 Blatt 11	– Ladungssicherung von Betonstahl
VDI 2700 Blatt 12	– Ladungssicherung von Getränkeprodukten
VDI 2700 Blatt 13	– Ladungssicherung von Großraum- und Schwertransporten
VDI 2700 Blatt 14	– Verfahren zur Ermittlung von Reibbeiwerten
VDI 2700 Blatt 15	– Rutschhemmende Materialien bei Fahrzeugen unter 3,5 t
VDI 2700 Blatt 16	– Ladungssicherung bei Transportern bis 7,5 t zGM
VDI 2700 Blatt 17	– Ladungssicherung von Absetzbehältern auf Absetzkipperfahrzeugen und deren Anhängern
VDI 2700 Blatt 18 E	– Sichern von Schüttgütern in flexiblen Verpackungen (Säcke, FIBC)
VDI 2700 Blatt 19	– Ladungssicherung von gewickeltem Band aus Stahl, Blechen und Formstahl
VDI 2700a	– Ausbildungsnachweis Ladungssicherung
VDI 3968	– Sicherung von Ladeeinheiten – Blatt 1 – 6

Begriffe 1.2

Deutsches Institut für Normung – Europa Norm (DIN EN)

DIN EN 12 195	– Ladungssicherung auf Straßenfahrzeugen – Sicherheit – Teil 1: Berechnung von Zurrkräften
DIN EN 12 195	– Ladungssicherung auf Straßenfahrzeugen – Sicherheit – Teil 2–4: Zurrgurte aus Chemiefasern, Zurrketten und Zurrdrahtseile
DIN EN 13 891	– Umreifungsbänder, Auswahl und Anwendung
DIN 75 410 Teil 1	– Zurrpunkte an Nutzfahrzeugen zur Güterbeförderung mit einer zulässigen Gesamtmasse bis 3,5 t
DIN ISO 27 955	– Ladungssicherung in Pkw, Pkw-Kombi und Mehrzweck-Pkw
DIN ISO 27 956	– Ladungssicherung in Lieferwagen (Kastenwagen)
DIN EN 12 640	– Zurrpunkte an Nutzfahrzeugen zur Güterbeförderung (bei Fahrzeugen ab zGM 3,5 t)
DIN EN 12 642	– Aufbauten an Nutzfahrzeugen
DIN EN 283	– Aufbaufestigkeit von Wechselbehältern
DIN 55 402 Teil 1 u. 2 und ISO-Norm R/780	– Markierung für den Versand von Packstücken; Bildzeichen für die Handhabungsmarkierung
DIN 13 247	– Verpackung – Spezifikation für Umreifungsbänder aus Stahl zum Heben, Binden und Sichern von Ladung

1.2 BEGRIFFSBESTIMMUNGEN IM STRASSENVERKEHR

Absender/Beförderer

Absender ist, wer mit dem Beförderer einen Beförderungsvertrag schließt. Wird kein Beförderungsvertrag geschlossen, gilt der Beförderer als Absender. Der Absender ist auch für das Beförderungspapier verantwortlich, nicht der Beförderer.

Fahrzeugführer/Fahrer

Fahrzeugführer/Fahrer ist derjenige, der ein Fahrzeug verantwortlich lenkt.

Halter/Unternehmer

Halter/Unternehmer ist, wer das Fahrzeug für eigene Rechnung in Gebrauch hat, auf den das Fahrzeug zugelassen ist oder wer den Nutzen aus dem Gebrauch zieht.

1.2 Begriffe

Verlader

Verlader ist, wer Güter in Eigenverantwortung im Rahmen bestehender Gesetze auf das Beförderungsmittel aufbringt. Er ist der unmittelbare Besitzer des Gutes. Er übergibt das Gut dem Beförderer.

Betriebssicherheit

Betriebssicherheit bedeutet, dass durch die Ladung die technische Betriebssicherheit des Fahrzeugs nicht beeinträchtigt wird. Die Betriebssicherheit ist nicht mehr gewährleistet, wenn sich z. B. durch das Verrutschen einer Ladung die Schwerpunktlage so verändert, dass daraus
- ein Überschreiten der maximal zulässigen Achslast oder
- ein Unterschreiten der erforderlichen Mindestlenkachslast resultiert.

Beförderungssicherheit

Beförderungssicherheit (= Transportsicherheit) ist gegeben, wenn nur solche Güter zur Verladung kommen, deren innerer und äußerer Zustand eine direkte Beladung und Sicherung bedenkenlos zulässt und andere Güter in deren Beförderungssicherheit nicht einschränkt.

Beförderungssicherheit bezieht sich auf die
- Verpackung,
- Bildung von Ladeeinheiten,
- vorgenommene Lastverteilung,
- Sicherung der Verpackungen und Ladeeinheiten in einem Ladegefäß sowie
- Sicherung der Ladegüter.

Verkehrssicherheit

Verkehrssicherheit ist gegeben, wenn die Ladung in einer solchen Weise auf das Fahrzeug aufgebracht wird und somit den allgemeinen Anforderungen des Straßenverkehrs genügt, dass sie z. B. auch bei einer Vollbremsung nicht verrutscht.

Folgende Faktoren beeinflussen beispielsweise die Verkehrssicherheit eines beladenen Fahrzeugs:
- Fahrzeugart, Fahrzeugzustand und -ausstattung
- Verpackung und Ladeeinheit
- Lastverteilung
- Sicherung der Ladeeinheiten und Güter
- Einhaltung der Sozialvorschriften

1.3 PFLICHTEN DES FAHRERS

Nach Auffassung der geltenden Rechtsprechung kann vom **Fahrer** zusammenfassend verlangt werden, dass er

> 1. die Verkehrssicherheit von Fahrzeug und Ladung vor Fahrtantritt kontrolliert und ggf. nachsichert,
> 2. die physikalische Verhaltensweise seiner Ladung auf dem Fahrzeug einschätzen kann,
> 3. seine Fahrweise (z. B. Fahrgeschwindigkeit) den Umständen anpasst,
> 4. sich in die Lage versetzt, die Wirksamkeit der Ladungssicherung während des Transports zu kontrollieren und auch hier ggf. die Ladung nachsichert.

1.4 VORSCHRIFTENAUSZÜGE UND KOMMENTARE

1.4.1 StGB

§ 222 Fahrlässige Tötung

Wer durch Fahrlässigkeit den Tod eines Menschen verursacht, wird mit Freiheitsstrafe bis zu fünf Jahren oder mit Geldstrafe bestraft.

§ 229 Fahrlässige Körperverletzung

Wer durch Fahrlässigkeit die Körperverletzung einer anderen Person verursacht, wird mit Freiheitsstrafe bis zu drei Jahren oder mit Geldstrafe bestraft.

§ 303 Sachbeschädigung

(1) Wer rechtswidrig eine fremde Sache beschädigt oder zerstört, wird mit Freiheitsstrafe bis zu zwei Jahren oder mit Geldstrafe bestraft.

(2) Der Versuch ist strafbar.

1.4 Vorschriftenauszüge

§ 315b Gefährliche Eingriffe in den Straßenverkehr

(1) Wer die Sicherheit des Straßenverkehrs dadurch beeinträchtigt, dass er
1. Anlagen oder Fahrzeuge zerstört, beschädigt oder beseitigt,
2. Hindernisse bereitet oder
3. einen ähnlichen, ebenso gefährlichen Eingriff vornimmt,

und dadurch Leib oder Leben eines anderen Menschen oder fremde Sachen von bedeutendem Wert gefährdet, wird mit Freiheitsstrafe bis zu fünf Jahren oder mit Geldstrafe bestraft.

(2) Der Versuch ist strafbar.

(3) Handelt der Täter unter den Voraussetzungen des § 315 Abs. 3, so ist die Strafe Freiheitsstrafe von einem Jahr bis zu zehn Jahren, in minder schweren Fällen Freiheitsstrafe von sechs Monaten bis zu fünf Jahren.

(4) Wer in den Fällen des Absatzes 1 die Gefahr fahrlässig verursacht, wird mit Freiheitsstrafe bis zu drei Jahren oder mit Geldstrafe bestraft.

(5) Wer in den Fällen des Absatzes 1 fahrlässig handelt und die Gefahr fahrlässig verursacht, wird mit Freiheitsstrafe bis zu zwei Jahren oder mit Geldstrafe bestraft.

§ 324 Gewässerverunreinigung

(1) Wer unbefugt ein Gewässer verunreinigt oder sonst dessen Eigenschaften nachteilig verändert, wird mit Freiheitsstrafe bis zu fünf Jahren oder mit Geldstrafe bestraft.

(2) Der Versuch ist strafbar.

(3) Handelt der Täter fahrlässig, so ist die Strafe Freiheitsstrafe bis zu drei Jahren oder Geldstrafe.

§ 324a Bodenverunreinigung

(1) Wer unter Verletzung verwaltungsrechtlicher Pflichten Stoffe in den Boden einbringt, eindringen läßt oder freisetzt und diesen dadurch
1. in einer Weise, die geeignet ist, die Gesundheit eines anderen, Tiere, Pflanzen oder andere Sachen von bedeutendem Wert oder ein Gewässer zu schädigen, oder
2. in bedeutendem Umfang

verunreinigt oder sonst nachteilig verändert, wird mit Freiheitsstrafe bis zu fünf Jahren oder mit Geldstrafe bestraft.

Vorschriftenauszüge 1.4

(2) Der Versuch ist strafbar.

(3) Handelt der Täter fahrlässig, so ist die Strafe Freiheitsstrafe bis zu drei Jahren oder Geldstrafe.

§ 330 Besonders schwerer Fall einer Umweltstraftat

(1) In besonders schweren Fällen wird eine vorsätzliche Tat nach den §§ 324 bis 329 mit Freiheitsstrafe von sechs Monaten bis zu zehn Jahren bestraft. Ein besonders schwerer Fall liegt in der Regel vor, wenn der Täter
  1. ein Gewässer, den Boden oder ein Schutzgebiet im Sinne des § 329 Abs. 3 derart beeinträchtigt, dass die Beeinträchtigung nicht, nur mit außerordentlichem Aufwand oder erst nach längerer Zeit beseitigt werden kann,
  2. die öffentliche Wasserversorgung gefährdet,
  3. einen Bestand von Tieren oder Pflanzen der vom Aussterben bedrohten Arten nachhaltig schädigt oder
  4. aus Gewinnsucht handelt.

(2) Wer durch eine vorsätzliche Tat nach den §§ 324 bis 329
  1. einen anderen Menschen in die Gefahr des Todes oder einer schweren Gesundheitsschädigung oder eine große Zahl von Menschen in die Gefahr einer Gesundheitsschädigung bringt oder
  2. den Tod eines anderen Menschen verursacht,

wird in den Fällen der Nummer 1 mit Freiheitsstrafe von einem Jahr bis zu zehn Jahren, in den Fällen der Nummer 2 mit Freiheitsstrafe nicht unter drei Jahren bestraft, wenn die Tat nicht in § 330a Abs. 1 bis 3 mit Strafe bedroht ist.

(3) In minder schweren Fällen des Absatzes 2 Nr. 1 ist auf Freiheitsstrafe von sechs Monaten bis zu fünf Jahren, in minder schweren Fällen des Absatzes 2 Nr. 2 auf Freiheitsstrafe von einem Jahr bis zu zehn Jahren zu erkennen.

1.4.2 OWiG

§ 9 Handeln für einen anderen

(1) Handelt jemand
  1. als vertretungsberechtigtes Organ einer juristischen Person oder als Mitglied eines solchen Organs,
  2. als vertretungsberechtigter Gesellschafter einer rechtsfähigen Personengesellschaft oder

1.4 Vorschriftenauszüge

3. als gesetzlicher Vertreter eines anderen,

so ist ein Gesetz, nach dem besondere persönliche Eigenschaften, Verhältnisse oder Umstände (besondere persönliche Merkmale) die Möglichkeit der Ahndung begründen, auch auf den Vertreter anzuwenden, wenn diese Merkmale zwar nicht bei ihm, aber bei dem Vertretenen vorliegen.

(2) Ist jemand von dem Inhaber eines Betriebes oder einem sonst dazu Befugten

1. beauftragt, den Betrieb ganz oder zum Teil zu leiten, oder
2. ausdrücklich beauftragt, in eigener Verantwortung Aufgaben wahrzunehmen, die dem Inhaber des Betriebes obliegen,

und handelt er auf Grund dieses Auftrages, so ist ein Gesetz, nach dem besondere persönliche Merkmale die Möglichkeit der Ahndung begründen, auch auf den Beauftragten anzuwenden, wenn diese Merkmale zwar nicht bei ihm, aber bei dem Inhaber des Betriebes vorliegen. Dem Betrieb im Sinne des Satzes 1 steht das Unternehmen gleich. Handelt jemand auf Grund eines entsprechenden Auftrages für eine Stelle, die Aufgaben der öffentlichen Verwaltung wahrnimmt, so ist Satz 1 sinngemäß anzuwenden.

(3) Die Absätze 1 und 2 sind auch dann anzuwenden, wenn die Rechtshandlung, welche die Vertretungsbefugnis oder das Auftragsverhältnis begründen sollte, unwirksam ist.

§ 14 Beteiligung

(1) Beteiligen sich mehrere an einer Ordnungswidrigkeit, so handelt jeder von ihnen ordnungswidrig. Dies gilt auch dann, wenn besondere persönliche Merkmale (§ 9 Abs. 1), welche die Möglichkeit der Ahndung begründen, nur bei einem Beteiligten vorliegen.

(2) Die Beteiligung kann nur dann geahndet werden, wenn der Tatbestand eines Gesetzes, das die Ahndung mit einer Geldbuße zulässt, rechtswidrig verwirklicht wird oder in Fällen, in denen auch der Versuch geahndet werden kann, dies wenigstens versucht wird.

(3) Handelt einer der Beteiligten nicht vorwerfbar, so wird dadurch die Möglichkeit der Ahndung bei den anderen nicht ausgeschlossen. Bestimmt das Gesetz, dass besondere persönliche Merkmale die Möglichkeit der Ahndung ausschließen, so gilt dies nur für den Beteiligten, bei dem sie vorliegen.

(4) Bestimmt das Gesetz, dass eine Handlung, die sonst eine Ordnungswidrigkeit wäre, bei besonderen persönlichen Merkmalen des Täters eine Straftat ist, so gilt dies nur für den Beteiligten, bei dem sie vorliegen.

Vorschriftenauszüge 1.4

§ 130 [Verletzung der Aufsichtspflicht in Betrieben und Unternehmen]

(1) Wer als Inhaber eines Betriebes oder Unternehmens vorsätzlich oder fahrlässig die Aufsichtsmaßnahmen unterlässt, die erforderlich sind, um in dem Betrieb oder Unternehmen Zuwiderhandlungen gegen Pflichten zu verhindern, die den Inhaber als solchen treffen und deren Verletzung mit Strafe oder Geldbuße bedroht ist, handelt ordnungswidrig, wenn eine solche Zuwiderhandlung begangen wird, die durch gehörige Aufsicht verhindert oder wesentlich erschwert worden wäre. Zu den erforderlichen Aufsichtsmaßnahmen gehören auch die Bestellung, sorgfältige Auswahl und Überwachung von Aufsichtspersonen.

(2) Betrieb oder Unternehmen im Sinne des Absatzes 1 ist auch das öffentliche Unternehmen.

(3) Die Ordnungswidrigkeit kann, wenn die Pflichtverletzung mit Strafe bedroht ist, mit einer Geldbuße bis zu einer Million Euro geahndet werden. Ist die Pflichtverletzung mit Geldbuße bedroht, so bestimmt sich das Höchstmaß der Geldbuße wegen der Aufsichtspflichtverletzung nach dem für die Pflichtverletzung angedrohten Höchstmaß der Geldbuße. Satz 2 gilt auch im Falle einer Pflichtverletzung, die gleichzeitig mit Strafe und Geldbuße bedroht ist, wenn das für die Pflichtverletzung angedrohte Höchstmaß der Geldbuße das Höchstmaß nach Satz 1 übersteigt.

Die **Aufsichtspflicht wird erfüllt** durch
- Schaffung einer geeigneten Betriebsorganisation durch Aufgabendefinition
- Aufgabenübertragung auf geeignete Personen
- ordnungsgemäße Anleitung des Weisungsempfängers
- angemessene Verlaufskontrolle und
- Überwachung der Delegationsempfänger

Alle Schritte einschließlich der Überwachung **sind zu dokumentieren**, um dem Betroffenen und seinem Verteidiger die Nachweisführung zu erleichtern.
(Beschluss des OLG Jena vom 02. November 2005 – 1 Ss 242/05)

1.4 Vorschriftenauszüge

1.4.3 StVO

§ 22 Ladung

(1) Die Ladung einschließlich Geräte zur Ladungssicherung sowie Ladeeinrichtungen sind so zu verstauen und zu sichern, dass sie selbst bei Vollbremsung oder plötzlicher Ausweichbewegung nicht verrutschen, umfallen, hin- und herrollen, herabfallen oder vermeidbaren Lärm erzeugen können. Dabei sind die anerkannten Regeln der Technik zu beachten.

§ 23 Sonstige Pflichten des Fahrzeugführers

(1) Der Fahrzeugführer ist dafür verantwortlich, dass seine Sicht und das Gehör nicht durch die Besetzung, Tiere, die Ladung, Geräte oder den Zustand des Fahrzeugs beeinträchtigt werden. Er muss dafür sorgen, dass das Fahrzeug, der Zug, das Gespann sowie die Ladung und die Besetzung vorschriftsmäßig sind und dass die Verkehrssicherheit des Fahrzeugs durch die Ladung oder die Besetzung nicht leidet.

1.4.4 StVZO

§ 30 Beschaffenheit der Fahrzeuge

(1) Fahrzeuge müssen so gebaut und ausgerüstet sein, dass
1. ihr verkehrsüblicher Betrieb niemanden schädigt oder mehr als unvermeidbar gefährdet, behindert oder belästigt,
2. die Insassen insbesondere bei Unfällen vor Verletzungen möglichst geschützt sind und das Ausmaß und die Folgen von Verletzungen möglichst gering bleiben.

§ 31 Verantwortung für den Betrieb der Fahrzeuge

(2) Der Halter darf die Inbetriebnahme nicht anordnen oder zulassen, wenn ihm bekannt ist, oder bekannt sein muss, dass der Führer nicht zur selbständigen Leitung geeignet oder das Fahrzeug, der Zug, das Gespann, die Ladung oder die Besetzung nicht vorschriftsmäßig ist oder dass die Verkehrssicherheit des Fahrzeugs durch die Ladung oder die Besetzung leidet.

Vorschriftenauszüge 1.4

> Der Halter ist mit für den betriebssicheren Fahrzeugzustand im Verkehr verantwortlich.
>
> Ist das Fahrzeug wegen falscher Beladung nicht betriebssicher, so darf es der Halter weder in Betrieb nehmen noch die Inbetriebnahme anordnen oder zulassen.
>
> Der Halter hat eine Mitverantwortung hinsichtlich der ordnungsgemäßen Nutzung im Sinne der Bestimmungen der StVO. Kontrollen von Fahrern vor, während und nach der Fahrt sind notwendig.

§ 34 Achslast und Gesamtgewicht

(1) Die Achslast ist die Gesamtlast, die von den Rädern einer Achse oder einer Achsgruppe auf die Fahrbahn übertragen wird.

(2) Die technisch zulässige Achslast ist die Achslast, die unter Berücksichtigung der Werkstoffbeanspruchung und nachstehender Vorschriften nicht überschritten werden darf: ...

(3) Die zulässige Achslast ist die Achslast, die unter Berücksichtigung der Bestimmungen des Absatzes 2 Satz 1 und des Absatzes 4 nicht überschritten werden darf. Das zulässige Gesamtgewicht ist das Gewicht, das unter Berücksichtigung der Bestimmungen des Absatzes 2 Satz 2 und der Absätze 5 und 6 nicht überschritten werden darf. Die zulässige Achslast und das zulässige Gesamtgewicht sind beim Betrieb des Fahrzeugs und der Fahrzeugkombination einzuhalten.

(4) Bei Kraftfahrzeugen und Anhängern mit Luftreifen oder den in § 36 Abs. 3 für zulässig erklärten Gummireifen – ausgenommen Straßenwalzen – darf die zulässige Achslast folgende Werte nicht übersteigen:

(…)

1.4.5 Berufsgenossenschaftliche Vorschriften (DGUV)

DGUV Vorschrift 70 Fahrzeuge

Fahrzeugaufbauten, Aufbauteile, Einrichtungen und Hilfsmittel zur Ladungssicherung (§ 22)

(1) Fahrzeugaufbauten müssen so beschaffen sein, dass bei bestimmungsgemäßer Verwendung des Fahrzeuges die Ladung gegen Verrutschen, Verrollen, Umfallen, Herabfallen und bei Tankfahrzeugen gegen Auslaufen gesi-

1.4 Vorschriftenauszüge

chert ist oder werden kann. Ist eine Ladungssicherung durch den Fahrzeugaufbau allein nicht gewährleistet, müssen Hilfsmittel zur Ladungssicherung vorhanden sein. Pritschenaufbauten und Tieflader müssen mit Zurrpunkten nach DIN 75 410 Teil 1 und DIN EN 12 640 (Mindestanforderungen) ausgerüstet sein.

Hilfsmittel sind:
- Ladehölzer
- rutschhemmende Unterlagen
- Ketten, Seile, Zurrgurte
- Spannschlösser, Spindelspanner
- Seil und Kantenschoner
- Befestigungsbeschläge für Container
- Füllmittel (containergerechte Styroporzuschnitte oder Air-Bags)
- Aufsatzbretter, Rungenverlängerung
- Zahnleisten
- Lademulden
- Zurrwinden
- Ankerschienen
- Ladegestelle
- Planen und Netze
- Stirnwandverstärkungen, Prallwände oder Rungen

Be- und Entladen (§ 37)

(1) Fahrzeuge dürfen nur so beladen werden, dass die zulässigen Werte für
- das Gesamtgewicht,
- die maximal zulässigen Achslasten,
- die statische Stützlast,
- die maximale zulässige Sattellast

nicht überschritten werden.

Die Ladungsverteilung hat so zu erfolgen, dass das Fahrverhalten des Fahrzeuges nicht über das unvermeidbare Maß hinaus beeinträchtigt wird (Mindestlenkachslasten).

(…)

(4) Die Ladung ist so zu verstauen und bei Bedarf zu sichern, dass bei üblichen Verkehrsbedingungen eine Gefährdung von Personen ausgeschlossen ist.

Vorschriftenauszüge 1.4

1.4.6 ADR

Abschnitt 7.5.7 Handhabung und Verstauung

7.5.7.1 Die Fahrzeuge oder Container müssen gegebenenfalls mit Einrichtungen für die Sicherung und Handhabung der gefährlichen Güter ausgerüstet sein. **Versandstücke, die gefährliche Güter enthalten, und unverpackte gefährliche Gegenstände müssen durch geeignete Mittel gesichert werden, die in der Lage sind, die Güter im Fahrzeug oder Container so zurückzuhalten** (z. B. Befestigungsgurte, Schiebewände, verstellbare Halterungen), **dass eine Bewegung während der Beförderung, durch die die Ausrichtung der Versandstücke verändert wird oder die zu einer Beschädigung der Versandstücke führt, verhindert wird.** Wenn gefährliche Güter zusammen mit anderen Gütern (z. B. schwere Maschinen oder Kisten) befördert werden, müssen alle Güter in den Fahrzeugen oder Containern so gesichert oder verpackt werden, dass das Austreten gefährlicher Güter verhindert wird. Die Bewegung der Versandstücke kann auch durch das Auffüllen von Hohlräumen mit Hilfe von Stauhölzern oder durch Blockieren und Verspannen verhindert werden. **Wenn Verspannungen wie Bänder oder Gurte verwendet werden, dürfen diese nicht überspannt werden, so dass es zu einer Beschädigung oder Verformung des Versandstücks kommt.**[*)]

Auszug RSEB 2017, Ziffer 7-9.1

Bei der Ladungssicherung sogenannter weicher Verpackungen (z.B. Säcke, Fässer aus Kunststoff) sind Verformungen zu akzeptieren, die für die jeweilige Verpackung unschädlich sind und zu keinem Gefahrgutaustritt führen.

Die Vorschriften dieses Unterabschnitts gelten als erfüllt, wenn die Ladung gemäß der Norm EN 12195-1:2010 gesichert ist.

Auszug RSEB 2017, Ziffer 7-9.2

Die Regelung in Unterabschnitt 7.5.7.1 letzter Satz ADR, dass dieser Unterabschnitt als erfüllt gilt, wenn die Ladung gemäß der Norm EN

[*)] Anleitungen für das Verstauen gefährlicher Güter können im „IMO/ILO/UNECE Code of Practice for Packing of Cargo Transport Units (CTU Code)" (Verfahrensregeln der IMO/ILO/UNECE für das Packen von Güterbeförderungseinheiten) (siehe z.B. Kapitel 9 „Packing cargo into CTUs" (Verladen von Gütern in CTU) und Kapitel 10 „Additional advice on the packing of dangerous goods" (Zusätzliche Hinweise zum Verladen gefährlicher Güter)) und den von der Europäischen Kommission veröffentlichten „European Best Practice Guidelines on Cargo Securing for Road Transport" (Europäische Leitlinien für optimale Verfahren der Ladungssicherung im Straßenverkehr) entnommen werden. Weitere Anleitungen werden auch von zuständigen Behörden und Industrieverbänden zur Verfügung gestellt.

1.4 Vorschriftenauszüge

12 195-1:2010 gesichert ist, bezieht sich auch auf gemischte Ladungen von Gefahrgut und Nichtgefahrgut.

7.5.7.2 Versandstücke dürfen nicht gestapelt werden, es sei denn, sie sind für diesen Zweck ausgelegt. Wenn verschiedene Arten von Versandstücken, die für eine Stapelung ausgelegt sind, zusammen zu verladen sind, ist auf die gegenseitige Stapelverträglichkeit Rücksicht zu nehmen. Soweit erforderlich müssen gestapelte Versandstücke durch die Verwendung tragender Hilfsmittel gegen eine Beschädigung der unteren Versandstücke geschützt werden.

7.5.7.3 Während des Be- und Entladens müssen Versandstücke mit gefährlichen Gütern gegen Beschädigung geschützt werden.

Bem. Besondere Beachtung ist der Handhabung der Versandstücke bei der Vorbereitung zur Beförderung, der Art des Fahrzeugs oder Containers, mit dem die Versandstücke befördert werden sollen, und der Be- und Entlademethode zu schenken, so dass eine unbeabsichtigte Beschädigung durch Ziehen der Versandstücke über den Boden oder durch falsche Behandlung der Versandstücke vermieden wird.

7.5.7.4 Die Vorschriften des Unterabschnitts 7.5.7.1 gelten auch für das Beladen und Verstauen sowie für das Entladen von Containern, … auf bzw. von Fahrzeugen.

7.5.7.5 Mitglieder der Fahrzeugbesatzung dürfen Versandstücke mit gefährlichen Gütern nicht öffnen.

1.4.7 BGB

§ 823 Schadensersatzpflicht

(1) Wer vorsätzlich oder fahrlässig das Leben, den Körper, die Gesundheit, die Freiheit, das Eigentum oder ein sonstiges Recht eines anderen widerrechtlich verletzt, ist dem anderen zum Ersatze des daraus entstehenden Schadens verpflichtet.

(2) Die gleiche Verpflichtung trifft denjenigen, welcher gegen ein den Schutz eines anderen bezweckendes Gesetz verstößt. Ist nach dem Inhalte des Gesetzes ein Verstoß gegen dieses auch ohne Verschulden möglich, so tritt die Ersatzpflicht nur im Falle des Verschuldens ein.

Vorschriftenauszüge 1.4

1.4.8 HGB

§ 411 Verpackung, Kennzeichnung

Der Absender hat das Gut, soweit dessen Natur unter Berücksichtigung der vereinbarten Beförderung eine Verpackung erfordert, so zu verpacken, dass es vor Verlust und Beschädigung geschützt ist und dass auch dem Frachtführer keine Schäden entstehen.

Soll das Gut in einem Container, auf einer Palette oder in oder auf einem sonstigen Lademittel, das zur Zusammenfassung von Frachtstücken verwendet wird, zur Beförderung übergeben werden, hat der Absender das Gut auch in oder auf dem Lademittel beförderungssicher zu stauen und zu sichern.

Der Absender hat das Gut ferner, soweit dessen vertragsgemäße Behandlung dies erfordert, zu kennzeichnen.

§ 412 Verladen und Entladen. Verordnungsermächtigung

(1) Soweit sich aus den Umständen oder der Verkehrssitte nicht etwas anderes ergibt, hat der Absender das Gut beförderungssicher zu laden, zu stauen und zu befestigen (verladen) sowie zu entladen. Der Frachtführer hat für die betriebssichere Verladung zu sorgen. ...

§ 414 Verschuldensunabhängige Haftung des Absenders in besonderen Fällen

(1) Der Absender hat, auch wenn ihn kein Verschulden trifft, dem Frachtführer Schäden und Aufwendungen zu ersetzen, die verursacht werden durch

1. ungenügende Verpackung oder Kennzeichnung,
2. Unrichtigkeit oder Unvollständigkeit der in den Frachtbrief aufgenommenen Angaben,
3. Unterlassen der Mitteilung über die Gefährlichkeit des Gutes oder
4. Fehlen, Unvollständigkeit oder Unrichtigkeit der in § 413 Abs. 1 genannten Urkunden oder Auskünfte.

§ 425 Haftung für Güter- und Verspätungsschäden. Schadensteilung

(1) Der Frachtführer haftet für den Schaden, der durch Verlust oder Beschädigung des Gutes in der Zeit von der Übernahme zur Beförderung bis zur Ablieferung oder durch Überschreitung der Lieferfrist entsteht.

(2) Hat bei der Entstehung des Schadens ein Verhalten des Absenders oder des Empfängers oder ein besonderer Mangel des Gutes mitgewirkt, so hängen die Verpflichtung zum Ersatz sowie der Umfang des zu leistenden

Ersatzes davon ab, inwieweit diese Umstände zu dem Schaden beigetragen haben.

§ 427 Besondere Haftungsausschlussgründe

(1) Der Frachtführer ist von seiner Haftung befreit, soweit der Verlust, die Beschädigung oder die Überschreitung der Lieferfrist auf eine der folgenden Gefahren zurückzuführen ist:

1. vereinbarte oder der Übung entsprechende Verwendung von offenen, nicht mit Planen gedeckten Fahrzeugen oder Verladung auf Deck;
2. ungenügende Verpackung durch den Absender;
3. Behandeln, Verladen oder Entladen des Gutes durch den Absender oder den Empfänger;
4. natürliche Beschaffenheit des Gutes, die besonders leicht zu Schäden, insbesondere durch Bruch, Rost, inneren Verderb, Austrocknen, Auslaufen, normalen Schwund, führt;
5. ungenügende Kennzeichnung der Frachtstücke durch den Absender;
6. Beförderung lebender Tiere …

(5) Der Frachtführer kann sich auf Absatz 1 Nr. 6 nur berufen, wenn er alle ihm nach den Umständen obliegenden Maßnahmen getroffen und besondere Weisungen beachtet hat.

§ 435 Wegfall der Haftungsbefreiungen und -begrenzungen

Die in diesem Unterabschnitt und im Frachtvertrag vorgesehenen Haftungsbefreiungen und Haftungsbegrenzungen gelten nicht, wenn der Schaden auf eine Handlung oder Unterlassung zurückzuführen ist, die der Frachtführer oder eine in § 428 genannte Person vorsätzlich oder leichtfertig und in dem Bewusstsein, dass ein Schaden mit Wahrscheinlichkeit eintreten werde, begangen hat.

1.5 VERANTWORTLICHKEITEN

1.5.1 Verantwortlichkeiten Fahrzeugführer

Die erste Aussage des Fahrzeugführers gegenüber dem Kontrollbeamten ist wichtig, da sie später zu Lasten des Fahrzeugführers oder anderer Beteiligter, die mit der Beladung und der Ladungssicherung zu tun hatten, ausgelegt werden könnte.

Jeder Fahrzeugführer hat vor Fahrtantritt eine Abfahrtkontrolle durchzuführen. Dazu gehört auch die Überprüfung von Beladung und Ladungssiche-

Verantwortlichkeiten 1.5

rung. Im Verlauf der Fahrt hat er sein Fahrzeug und die Beladung zu überwachen. Bei einer Teilentladung hat der Fahrzeugführer die Ladungssicherung neu vorzunehmen sowie die sich ändernde Lastverteilung zu berücksichtigen.

Bei Verplombung von Ladefläche, Wechselbrücke oder Container hat der Fahrzeugführer weder direkten Einfluss auf die Ladung noch auf die Ladungssicherung und kann diese somit auch nicht kontrollieren. Bei Verplombung bleibt nur eine geringe Restüberwachung, indem der Fahrzeugführer vor der Fahrt das gesamte Fahrzeug z. B. auf Lastverteilung in Augenschein nimmt. Auch während der Fahrt hat er auf Verkehrs- und Betriebssicherheit zu achten, z. B. bei Vollbremsungen. Notfalls muss er Maßnahmen ergreifen und u. U. die Polizei benachrichtigen. Eine rechtliche Schuld wegen ungenügender Ladungssicherung ist dem Fahrzeugführer bei Verplombung nicht vorzuwerfen, da weitere Beteiligte in Verantwortung stehen.

1.5.2 Verantwortlichkeiten Verlader

Wer zum Beladen des Fahrzeuges verpflichtet ist, wird in Beförderungsbedingungen und Verträgen geregelt. Im Transportrechtsreformgesetz (TRG) und im Handelsgesetzbuch (HGB) sind Regelungen zur Haftung und Ladungssicherung enthalten. Fahrzeugführer und -halter sind verpflichtet, den verkehrs- und betriebssicheren Zustand des beladenen Fahrzeugs nachzuprüfen, sicherzustellen und erforderlichenfalls Nachbesserungen zu veranlassen oder notfalls die Durchführung des Transportauftrages abzulehnen. Der Verlader kann auch gleichzeitig Absender sein und trägt die Verantwortung für die beförderungssichere Verladung der Güter auf den Fahrzeugen, in Containern oder Wechselbrücken. Näheres wird im HGB §§ 411 ff. geregelt. Der Verantwortungsbereich des Verladers beginnt mit der Geschäftsführung und erstreckt sich z. B. über den Versandleiter, den Lagermeister und den Ausführungsgehilfen wie den Gabelstaplerfahrer.

Der Verlader muss die Mitarbeiter, die verantwortlich für ihn tätig sind, in die entsprechende Tätigkeit einweisen und hat für eine Aus- und Weiterbildung im Bereich der Ladungssicherung sowie die Kontrolle der übertragenen Aufgaben zu sorgen.

Benutzt der Verlader firmeneigene Verplombungen oder wird eine Zollverplombung durchgeführt, trägt er im großen Maße die gesamte Verantwortung für die vorgenommene Stauung und Ladungssicherung. Hierzu führt auch der CTU Code einiges auf.

Dem Verlader kann keine Schuldzuweisung gemacht werden, wenn eine im Verlauf des Transportes durchgeführte Teilent- oder -beladung durchgeführt

1.5 Verantwortlichkeiten

wird. Hier hat der Verlader keinen Einfluss mehr auf die ordnungsgemäße Ladungssicherung. In solchen Fällen haftet der Kraftfahrer bzw. an der weiteren Beladestelle der entsprechende Verlader.

Fazit: Verlader und Fahrzeugführer sollten in allen Bereichen der Ladungssicherung eng zusammenarbeiten und sich nicht in Kompetenzgerangel auseinandersetzen.

1.5.3 Verantwortlichkeiten Fahrzeughalter

Für die jeweilige Ladung muss der Fahrzeughalter ein geeignetes Fahrzeug zur Verfügung stellen. Er muss sich über das Transportgut und dessen ordnungsgemäße Ladungssicherung informieren, hat Informationspflichten gegenüber dem Fahrzeugführer in Bezug auf Besonderheiten und Gefahren der Ladung und hat geeignete Fahrzeugführer einzusetzen. Diese müssen in der Lage sein, die Ladungssicherung durchführen zu können. Fahrzeughalter sind zu regelmäßigen Kontrollen verpflichtet, z. B. durch gelegentliche Inaugenscheinnahme. Diese Aufgaben können delegiert werden auf z. B. Fuhrparkleiter oder Betriebsleiter, die dann nach § 9 (2) Ordnungswidrigkeitengesetz (OWiG) ausdrücklich damit beauftragt wurden (beauftragte Person). Nach § 130 OWiG hat der Fahrzeughalter jedoch eine Überwachungspflicht gegenüber den beauftragten Personen.

Für das Bereitstellen der ordnungsgemäßen und richtigen Ladungssicherungsmittel ist er ebenfalls verantwortlich. Auch hat er z. B. Arbeitsanweisungen in Bezug auf Ladungssicherung zu erstellen und den Fahrzeugführer in die Gegebenheiten des Fahrzeugs einzuweisen.

Bei der Beförderung von Gefahrgut muss gemäß GGVSEB der Beförderer dem Fahrzeugführer die erforderliche Ausrüstung zur Ladungssicherung übergeben.

1.5.4 Verantwortlichkeiten Absender

Im § 412 HGB sind die Absenderaufgaben in Bezug auf das Verladen und Entladen beschrieben. Es gibt jedoch noch weitere Verpflichtungen, die indirekt aus dem § 411 HGB hervorgehen. Z. B. muss sich das Ladegut in einem beförderungsfähigen Zustand befinden.

Beispiel Baumaschinen: Kleinbaggern fehlen häufig die Anschlagpunkte. So umwickelt man mit Zurrgurten den Baggerausleger oder spannt den Zurrgurt zwischen Motorhaube und Fahrerkabine. Hier sind die Absender gefragt, Zurrpunkte zu schaffen, um dem Fuhrmann die Ladungssicherung zu ermöglichen.

Haftungsfrage 1.6

1.5.5 Weitere Verantwortliche

Weitere **Verantwortliche** können zudem noch sein:
- Entscheider für die Transportverpackung
- Gefahrgutbeauftragter
- Versanddisponenten
- Besteller von Fahrzeugen und Hilfsmitteln zur Ladungssicherung
- Versandleiter

1.5.6 Urteile

1. Neben dem Fahrzeugführer und dem Fahrzeughalter ist insbesondere derjenige für die Ladungssicherung verantwortlich, der unter eigener Verantwortung verladen hat (OLG Stuttgart, 27.12.1982 – Iss 858/82).

2. Die Mitwirkung des Fahrpersonals entbindet den Absender nicht von seiner Verantwortung für die Beladung (BGH-Urteil vom 28.05.1971).

3. Die Beladung ist nur verkehrssicher, wenn sie auch der durch einen Dritten ausgelösten Notbremsung standhält. (OLG Düsseldorf, 2.4.1984, 1 U 116/ 83, MDR 84, 945)

4. Verantwortlichkeit des Halters für die Ausrüstung des Fahrzeugs Grundsatzurteil zum Halterverstoß gem. § 31 Abs. 2 StVZO

   Unter sachgerechter Sicherung der Ladung ist ihr Verstauen nach den in der Praxis anerkannten Regeln des Speditions- und Fuhrbetriebs zu verstehen. Der Inhalt der VDI-Richtlinie 2700 „Ladungssicherung auf Straßenfahrzeugen" umfasst die gegenwärtig technisch anerkannten Beladungsregeln und ist deshalb allgemein zu beachten. (OLG Düsseldorf, Beschluss vom 18.7.1989 – 5 Ss (OWi) 274/89 – (OWi) 111/89 I)

Weitere Urteile finden Sie im Internet unter www.klsk.info.

1.6 HAFTUNGSFRAGE

Bei der Haftungsfrage für Güterschäden (Gefährdungshaftung) muss der Unternehmer gegebenenfalls einen Entlastungsbeweis führen. Das kann durch schriftlich festgehaltene Vorbehalte bei Übernahme des Gutes sein oder durch den Nachweis von Beladungsfehlern des Absenders/Beförderers.

1.7 Fürs Gedächtnis

1.7 FÜRS GEDÄCHTNIS

- ✔ Eine Reihe von **Rechtsvorschriften, Richtlinien und Normen** trifft direkt oder indirekt Aussagen zur Ladungssicherung.
- ✔ **Normen** und die **VDI-Richtlinie 2700** umfassen die gegenwärtig technisch anerkannten Beladungsregeln und sind allgemein zu beachten.
- ✔ Für die Ladungssicherung ist derjenige verantwortlich, der verlädt. Den **Fahrzeugführer** treffen jedoch die **meisten Verantwortlichkeiten** (z. B. kontrollieren, nachsichern, Fahrweise anpassen).
- ✔ Auch Verlader, Halter, Absender u. a. tragen **Verantwortung**.
- ✔ Bei Nichtbeachtung von Vorschriften drohen **Strafen** (mindestens Bußgelder und Punkte).

Kontrollfragen 1.8

1.8 KONTROLLFRAGEN

1. **Nennen Sie „anerkannte Regeln der Technik", auf die im § 22 der Straßenverkehrs-Ordnung verwiesen wird.**

   - ❏ A DGUV
   - ❏ B VDI, DIN EN
   - ❏ C StVO
   - ❏ D CMR

2. **Welche Pflichten hat der Kraftfahrer nach Auffassung der geltenden Rechtsprechung?**

   - ❏ A Er muss die Straßenverkehrs-Ordnung vor Fahrtantritt lesen.
   - ❏ B Er muss die VDI und DIN EN mitführen.
   - ❏ C Er muss die Verkehrssicherheit von Fahrzeug und Ladung vor Fahrtantritt kontrollieren und ggf. nachsichern.
   - ❏ D Er muss das OWiG lesen.

3. **Wer ist für die Beschaffenheit der Fahrzeuge gemäß § 30 StVZO verantwortlich?**

   - ❏ A Der Verlader
   - ❏ B Der Fahrzeugführer
   - ❏ C Der Hersteller des Fahrzeugs
   - ❏ D Der Halter

4. **Wer ist für das richtige Ausrüsten der Fahrzeuge mit Zurrmitteln verantwortlich?**

   - ❏ A Der Halter
   - ❏ B Der Fahrzeugführer
   - ❏ C Der Disponent
   - ❏ D Der Verlader

1.8 Kontrollfragen

5. Neben dem Fahrzeugführer und dem Fahrzeughalter ist insbesondere derjenige für die Ladungssicherung verantwortlich, der unter eigener Verantwortung verladen hat. Wer ist das?

   ❏ A Die Berufsgenossenschaft für Transport und Verkehrswirtschaft
   ❏ B Der Verlader, der gemäß § 9 OWiG dazu beauftragt wurde
   ❏ C Der Disponent
   ❏ D Der Gabelstaplerfahrer

6. Die Berufsgenossenschaftliche Vorschrift DGUV Vorschrift 70 benennt Ladungssicherungshilfsmittel. Welche zählen dazu?

   ❏ A Stirnwandverstärkungen
   ❏ B Planenklemmschlösser
   ❏ C Fahrzeugbordwände
   ❏ D Fahrzeugplanen

Kräfte 2.1

2 PHYSIKALISCHE GRUNDLAGEN

2.1 KRÄFTE

Aus den Betriebszuständen beim Fahren entstehen durch Beschleunigung, Bremsen oder Kurvenfahren Massenkräfte wie Beschleunigungs-, Verzögerungs-, Flieh- und Vertikalkräfte, die im Schwerpunkt der Ladung wirken und diese bei mangelnder Sicherung auf der Ladefläche verrutschen, umfallen, verrollen, durch vertikale Kräfte wandern oder von der Ladefläche fallen lassen. Durch ungünstige Beladung kann das Fahrzeug sogar umschlagen. Dadurch können z. B. Gefahrgutumschließungen so stark beschädigt werden, dass Gefahrgut frei wird. Bei der Sicherung der Ladung muss davon ausgegangen werden, dass folgende Kräfte aufgenommen werden müssen:

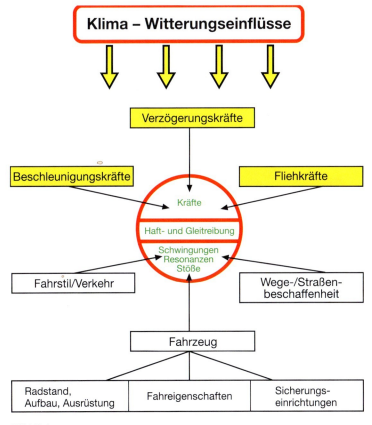

Bild 2.1

2.1 Kräfte

Zur richtigen Dimensionierung der Ladungssicherung müssen die auftretenden Kräfte vorab berechnet werden.

Zur besseren Verständlichkeit werden deshalb einige physikalische Grundlagen vorausgeschickt. Hierzu ist die Begriffsabgrenzung von Gewicht und Masse zu Gewichtskraft und Massenkraft notwendig (→ *Themenbereich 2.1.1*).

Physikalische Einflussgrößen:
- Masse
- Kraft (Gewichts-, Flieh-, Normal-, Hangabtriebskraft)
- Energie
- Geschwindigkeit

- Beschleunigung/Verzögerung
- Massenträgheit
- Gewicht
- Reibung

(Im Buch verwendete Zeichen und Abkürzungen → Seite Seite 227 ff.)

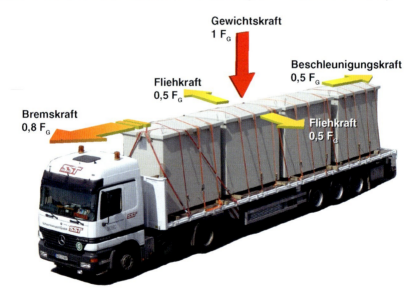

Bild 2.2: Maximale Massenkräfte der Ladung, die im Fahrbetrieb bei der Ladungssicherung zu berücksichtigen sind

Kräfte 2.1

2.1.1 Gewichtskraft $F_G = m \cdot g$

- Die Gewichtskraft ist die Kraft, mit der ein Körper von der Erde angezogen wird. Sie wird in N (Newton) bzw. daN (Dekanewton) angegeben und errechnet sich wie folgt: Masse in kg Erdbeschleunigung in m/s², ($F_G = m \cdot g$). Die Erdbeschleunigung „g" beträgt ca. 9,81 m/s². Wählt man als Maßeinheit daN für die Gewichtskraft F_G (1 daN = 10 N), so lässt sich die Berechnung weiter zahlenmäßig vereinfachen. Eine Ladung mit der Masse von 5000 kg ergibt somit eine Gewichtskraft von ca. 5000 daN.
- In Längsrichtung nach vorn (aus Bremsvorgängen) wirkt das 0,8fache der Gewichtskraft der Ladung, z. B. bei einer Ladung von 10 t immerhin 8 t. Einige modernere Fahrzeuge erreichen sogar bis zu 1 F_G.
- In Querrichtung (bei Kurvenfahrten) und Längsrichtung nach hinten (beim Anfahren) wirkt das 0,5fache der Gewichtskraft der Ladung; bei einer Ladung von 10 t immerhin 5 t.
- In vertikaler Richtung nach oben und unten treten durch Schwingungen und Stöße (z. B. durch starke Unebenheiten der Fahrbahn) Beschleunigungen an der Ladung auf. Durch die senkrecht nach oben gerichteten Kräfte wird bewirkt, dass die Reibung sich verringert und dadurch ein Verschieben der Ladung begünstigt wird. In den Normen und Richtlinien wird dieser Wert derzeit jedoch nicht berücksichtigt.

Zusammenfassung:

Bei einem Ladungsgewicht von 10000 kg wirken folgende Kräfte:

Beim Abbremsen	0,8 · 10000 daN	= 8000 daN
Beim Anfahren	0,5 · 10000 daN	= 5000 daN
Bei Kurvenfahrt	0,5 · 10000 daN	= 5000 daN

2.1.2 Fliehkraft $F_y = \dfrac{m \cdot v^2}{r}$

Die Fliehkraft eines Körpers, auch Querkraft genannt, ist die Kraft, mit der er bei einer Bewegung auf einer Kreisbahn vom Mittelpunkt weggezogen wird. Die Fliehkraft ist abhängig:
- von der Größe der Masse; je größer die Masse, desto größer die Fliehkraft
- von der Geschwindigkeit; mit zunehmender Geschwindigkeit wächst die Fliehkraft im Quadrat
- vom Kurvenradius; je kleiner der Kurvenradius, desto größer die Fliehkräfte bei konstanter Geschwindigkeit.

2.1 Kräfte

2.1.3 Massenkraft (Trägheitskraft) $\quad F_x = m \cdot a$

Aufgrund der Massenträgheit hat die Ladung das Bestreben, sich den Änderungen des Bewegungszustandes zu widersetzen. Diese Massenkraft bezeichnet man auch als Trägheitskraft oder bei Kurvenfahrten als Fliehkraft.

Wie verhält sich nun die Ladung beim **Anfahren?** Aufgrund des Beharrungsvermögens (Trägheitsgesetz) hat die Ladung das Bestreben, dem Beschleunigungsvorgang nicht zu folgen. Die von der Ladung ausgehende Trägheit ist also eine der Anfahrrichtung entgegengesetzte Kraft.

Wie verhält sich die Ladung beim **Bremsen?** Hat das Fahrzeug mit seiner Ladung eine bestimmte Fahrgeschwindigkeit erreicht, wollen Fahrzeug und Ladung auch hier aufgrund ihres Beharrungsvermögens diese beibehalten. Bremst nun das Fahrzeug ab (negative Beschleunigung), hat die Ladung das Bestreben, die Geschwindigkeit (positive Beschleunigung) und die Richtung beizubehalten. Dass sich die Ladung nicht sofort in Bewegung setzt, hängt von der Reibungskraft ab. Diese Widerstandskraft F_F (→ *Themenbereich 2.1.6*) hält die Ladung auf der Ladefläche bis zu einem bestimmten Grad fest.

2.1.4 Normalkraft $\quad F_N = m \cdot g \cdot \cos \alpha$

Darunter versteht man die Kraft, mit der ein Körper senkrecht auf das Fahrzeug gedrückt wird. Bei allen Berechnungen wird derzeit die Normalkraft berücksichtigt.

2.1.5 Hangabtriebskraft $\quad F_H = m \cdot g \cdot \sin \alpha$

Die Hangabtriebskraft steigt mit zunehmendem Neigungswinkel α.

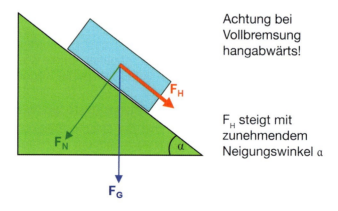

Achtung bei Vollbremsung hangabwärts!

F_H steigt mit zunehmendem Neigungswinkel α

Bild 2.3

Kräfte 2.1

Bei einer Vollbremsung wirkt die Kraft entsprechend hangabwärts stärker als hangaufwärts. Beispiel: Eine Gewichtskraft von 10000 daN würde bei einer Normalkraft mit einer Bremskraft 0,8 F_G nach vorn wirken, also mit 8000 daN. Berücksichtigt man jetzt die Hangabtriebskraft bei einem Gefälle von 12 % = 6,8° (sin α = 0,119), so würde eine zusätzliche Kraft, die Hangabtriebskraft, von 1190 daN entstehen. Das würde bedeuten, dass die Ladung im Gefälle durch die Hangabtriebskraft zusätzlich mit zu berücksichtigen ist. Also in diesem Beispiel mit 9190 daN in Fahrtrichtung.

2.1.6 Reibung und Reibkraft $F_F = \mu \cdot F_G$

Die Reibkraft ist eine Widerstandskraft gegen das Verschieben eines Körpers auf einer Unterlage, z.B. zwischen Ladegut und Ladefläche. Sie wird physikalisch durch den Reibbeiwert μ (sprich: mü) maßgeblich beeinflusst. Haben die Körper auf der Unterlage unterschiedlich große Auflageflächen, verändert sich jedoch nicht die Zugkraft. Das heißt: Die Reibkraft ist unabhängig von der Größe der Reibfläche. Man unterscheidet zwischen drei Arten von Reibungskräften: der Haftreibung (Widerstandskraft, die ein ruhender Körper dem Verschieben auf seiner Unterlage entgegensetzt), der Gleitreibung (Widerstandskraft, die ein bewegter Körper dem weiteren Verschieben auf seiner Unterlage entgegensetzt) und der Rollreibung (Widerstandskraft, die ein bewegter Körper dem Wegrollen auf seiner Unterlage entgegensetzt). Es ist unter Umständen die „Mischreibung" und die „Reibung bei verunreinigten Kontaktflächen" mit zu berücksichtigen. Bei der Mischreibung ist der kleinste Reibbeiwert der Materialpaarung anzunehmen. Die Reibung bei verunreinigten Kontaktflächen ist ähnlich der Rollreibung. Hier ist die Ladefläche grundsätzlich vor der Beladung zu reinigen.

Rutsch- und Kippgefährdung einer Ladung durch die Widerstandskraft

Es gibt außer der Rutschgefährdung (Verschieben eines Körpers auf einer Unterlage) auch eine Kippgefährdung. Eine **Rutschgefährdung** der Ladung liegt vor, wenn die haltende Reibungskraft kleiner ist als die Bewegungskraft. So kann eine Holzkiste, die unter normalen Umständen vielleicht kippgefährdet ist, bei einer sehr glatten Unterlage, z.B. vereiste Ladefläche, leicht rutschen. Die **Kippgefährdung** einer Ladung liegt vor, wenn das haltende Standmoment kleiner ist als das Kippmoment. Eine Holzkiste, die unter normalen Umständen nicht kippen würde, kann jedoch aufgrund hoher Rückhaltekräfte, z.B. durch sehr gute rutschhemmende Matten mit Reibbeiwert von μ = 0,8, umkippen.

2.1 Kräfte

Reibbeiwert nach DIN EN 12 195-1

Betrachtet man den normativen Teil des Anhangs B.2 Reibbeiwerte (→ *Tabelle 2.1 Seite Seite 40*), findet man dort für die Berechnung anzuwendende Reibbeiwerte µ einiger gebräuchlicher Waren und Oberflächen, z. B. für Materialpaarungen wie:

- „Schnittholz – Schichtholz/Sperrholz", die an den Berührungsflächen einen Reibbeiwert von µ = 0,45 aufweisen,
- „Schnittholz – geriffeltes Aluminium" mit einem Reibbeiwert von µ = 0,40 oder
- „Stahlkiste – geriffeltes Aluminium" mit µ = 0,30.

Allerdings sind z. B. die Großverpackung „Stahl-IBC", eine Europalette oder der Siebdruckboden eines Fahrzeugs hier nicht namentlich genannt.

Anmerkung zu den Materialpaarungen:

Jedoch sind z. B. Stahlkiste, Schnittholz und Schichtholz/Sperrholz genannt. Das lässt vermuten, dass es sich hierbei um Produkte handelt, die aus Stahl bestehen, die Holzpalette wurde geschnitten und die Ladefläche wurde in Schichten verleimt. Somit wäre eine Zuordnung möglich, da der Text sehr allgemein gehalten wurde.

Hinweis:

Erst wenn keine Zuordnung mehr stattfinden kann, ist in solchen Fällen sicherzustellen, dass die verwendeten Reibbeiwerte für den tatsächlichen Transport geeignet sind.

Eine Besonderheit steckt in dieser Aussage in der **DIN EN 12 195-1:**

„**Wenn die Berührungsflächen nicht besenrein sowie nicht frei von Frost, Eis und Schnee sind**, darf der verwendete Reibbeiwert **höchstens µ = 0,2** (0,3 bei Seetransport) **betragen**. Besondere Sicherheitsvorkehrungen sind bei öligen und fettigen Oberflächen erforderlich."

Achtung: Gerade diese Besonderheit trifft auch für rutschhemmende Matten zu, nämlich, dass bei **Frost,** Eis und Schnee höchstens µ = 0,2 verwendet werden muss und nicht, wie in den meisten Fällen, der Reibbeiwert von z. B. µ = 0,6 eingesetzt wird. **Eine Zuordnung des Reibbeiwertes aus der Tabelle 2.1, Seite 40 ist nicht möglich.**

In solchen Fällen muss sichergestellt werden, dass die verwendeten Reibbeiwerte für den tatsächlichen Transport geeignet sind.

Wie können Sie nun dieser Anforderung nachkommen? Im Anhang B der Norm gibt es zwei Möglichkeiten, die Reibung zu bestimmen.

Kräfte 2.1

Gemäß B.1.2 der DIN EN 12 195-1 kann über die Neigungsprüfung der Winkel, bei dem die Ladung zu rutschen beginnt, gemessen werden.

Die Werte stellen einen Mittelwert der gemessenen statischen Reibung (Neigungsprüfung), multipliziert mit 0,925, dar.

2.1.7 Hinweis zum ADR-Transport

(Abschnitt 7.5.7 Handhabung und Verstauung)

Berücksichtigt man nun beim ADR-Transport, um die Ladung zu sichern, statt der EN 12 195-1 den CTU Code, so sollte man folgende Absätze beachten.

... einer Beschädigung oder Verformung des Versandstücks kommt.[*)]

Aussage im **CTU Code**:

Die Reibbeiwerte (μ) sollen für die tatsächliche Beförderung gelten. Wenn eine Kombination von Kontaktflächen in der Tabelle 2.1 fehlt oder wenn ihr Reibbeiwert nicht in anderer Weise überprüft werden kann, ist der höchste zulässige Reibbeiwert von $\mu = 0{,}3$ zu verwenden. Bei nicht sauber gekehrten Kontaktflächen gilt der höchste zulässige Reibbeiwert von $\mu = 0{,}3$ oder, falls niedriger, der Wert in der Tabelle. Wenn die Kontaktoberflächen nicht frei von Raureif, Eis und Schnee sind, ist ein statischer Reibbeiwert $\mu = 0{,}2$ zu verwenden, sofern die Tabelle keinen niedrigeren Wert angibt. Für ölige und fettige Oberflächen oder bei Verwendung von Trennblättern (Slip-Sheet Unterlagen) soll ein statischer Reibbeiwert $\mu = 0{,}1$ verwendet werden.

Anmerkung: Während in der **EN 12 195-1** die folgende Aussage steht „Sind die Berührungsflächen nicht besenrein sowie nicht frei von **Frost**, Eis und Schnee, darf der verwendete Reibbeiwert höchstens $\mu = 0{,}2$ (0,3 bei Seetransport) betragen", so steht im **CTU Code** „wenn die Kontaktoberflächen nicht frei von **Raureif**, Eis und Schnee sind, ist ein statischer Reibbeiwert $\mu = 0{,}2$ zu verwenden, sofern die Tabelle keinen niedrigeren Wert angibt."

Die Vorgaben sind also keineswegs einheitlich!

[*)] Anleitungen für das Verstauen gefährlicher Güter können im „IMO/ILO/UNECE Code of Practice for Packing of Cargo Transport Units (CTU Code)" (Verfahrensregeln der IMO/ILO/UNECE für das Packen von Güterbeförderungseinheiten) (siehe z.B. Kapitel 9 „Packing cargo into CTUs" (Verladen von Gütern in CTU) und Kapitel 10 „Additional advice on the packing of dangerous goods" (Zusätzliche Hinweise zum Verladen gefährlicher Güter)) und den von der Europäischen Kommission veröffentlichten „European Best Practice Guidelines on Cargo Securing for Road Transport" (Europäische Leitlinien für optimale Verfahren der Ladungssicherung im Straßenverkehr) entnommen werden. Weitere Anleitungen werden auch von zuständigen Behörden und Industrieverbänden zur Verfügung gestellt.

2.1 Kräfte

Beispiel einer Neigungsprüfung nach Vorgabe der DIN EN 12 195-1:

Bild 2.4: Quelle: Josef Lahme

Beispiel: Kippwinkel von 20°

$\mu = 0{,}925 \cdot \tan \alpha$ [*]

$\mu = 0{,}925 \cdot 0{,}36$

$\mu = 0{,}33$

Ein weiteres Verfahren ist die Zugprüfung.

Die Werte stellen einen Mittelwert der gemessenen Werte der dynamischen Reibung (Zugprüfung), dividiert durch 0,925, dar.

---

[*] Der Tangens kann aus der DIN EN 12 195-1, Tabelle D.1 – Prüfwinkel entnommen werden.

Kräfte 2.1

Beispiel einer Zugprüfung nach Vorgabe der DIN EN 12 195-1:

Bild 2.5 a: *Eine 1000 kg schwere Palette wird mit einer Zugvorrichtung über die Fahrzeugladefläche gezogen. In diesem Versuch sind ca. 360 daN (ca. 360 kg) Zugkraft nötig, um die Palette zu ziehen. Somit beträgt der Reibbeiwert µ = 0,38 (→ folgendes Messdiagramm).*

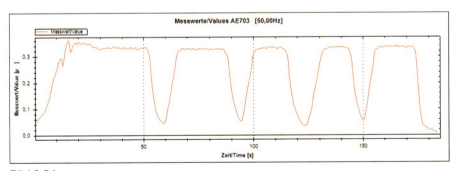

Bild 2.5 b

2.1 Kräfte

Beispiel: Masse = 1000 kg, Zugkraft = 360 daN

$$\mu = \frac{\text{Zugkraft}}{\text{Masse}} \qquad \mu = \frac{360}{1000} \qquad \mu = 0{,}36$$

$$\mu = \frac{0{,}36}{0{,}925} \qquad \mu = 0{,}38$$

Achtung: Beachten Sie bitte, dass Sie nicht einfach den Gleitreibbeiwert aus den alten Unterlagen benutzen, denn dann errechnen Sie ein falsches Ergebnis. Sie müssen die Werte durch 0,925 dividieren.
Somit haben Sie für Ihren Transport den tatsächlich geeigneten Reibbeiwert nachgewiesen.
An dieser Stelle werden Sie vielleicht denken, dass das doch alles viel zu kompliziert ist, und setzen von vornherein rutschhemmende Matten ein. Hierzu gibt es folgende Aussage in der Anlage B.2 Reibbeiwerte, Tabelle B.1, unten:

Tabelle 2.1: Reibbeiwerte nach DIN EN 12 195-1

Materialpaarung an der Berührungsfläche [a]		Reibbeiwert μ
Schnittholz	Schnittholz – Schichtholz/Sperrholz	0,45
	Schnittholz – geriffeltes Aluminium	0,4
	Schnittholz – Schrumpffolie	0,3
	Schnittholz – Stahlblech	0,3
Hobelholz	Hobelholz – Schichtholz/Sperrholz	0,3
	Hobelholz – geriffeltes Aluminium	0,25
	Hobelholz – Stahlblech	0,2
Kunststoff-palette	Kunststoffpalette – Schichtholz/Sperrholz	0,2
	Kunststoffpalette – geriffeltes Aluminium	0,15
	Kunststoffpalette – Stahlblech	0,15
Stahl und Metall	Stahlkiste – Schichtholz/Sperrholz	0,45
	Stahlkiste – geriffeltes Aluminium	0,3
	Stahlkiste – Stahlblech	0,2
Beton	Rauer Beton – Schnittholzlatten	0,7
	Glatter Beton – Schnittholzlatten	0,55
Rutsch-hemmende Matte	Gummi	0,6 [b]
	Anderer Werkstoff	Wie bescheinigt [c]

[a] Oberfläche trocken oder nass sowie rein, frei von Öl, Eis, Schmierfett.
[b] Verwendbar mit $f_\mu = 1{,}0$ bei Direktzurren.
[c] Werden besondere Werkstoffe für eine erhöhte Reibung, wie z. B. rutschhemmende Matten, angewendet, ist eine Bescheinigung für den Reibbeiwert μ erforderlich.

Kräfte 2.1

CTU Code/Anlage 7 – Anhang 2

Reibbeiwerte als Ergänzung zur EN 12 195-1

Kombination von Werkstoffen bei der Kontaktfläche	Trocken (μ)
Pappe gegen Pappe	0,5
Pappe gegen Holzpalette	0,5

2.1.8 Sicherungskraft $\quad F_R = F_{x,y} - F_F$

Die Sicherungskraft F_R ist die Kraft, die von den Sicherungsmitteln aufgenommen werden muss, um ein Verrutschen oder Kippen der Ladung zu verhindern. Die aufzubringenden Kräfte, mit denen die Ladung zu sichern ist, errechnen sich aus der Massenkraft minus Reibungskraft.

2.1.9 Vorspannkraft $\quad F_T = \dfrac{(c_x - \mu \cdot c_z) \cdot F_G}{\mu \cdot \sin \alpha \cdot 2} \cdot f_s$

Die Vorspannkraft wird durch die Zurrmittel erreicht. Durch die Erhöhung des Anpressdruckes wird die Reibungskraft zwischen Ladegut und Ladefläche vergrößert. Die Ladung wird dadurch auf der Ladefläche gehalten. Die notwendige Vorspannkraft ist ebenfalls vom Zurrwinkel α abhängig, der zwischen Ladefläche und Zurrmittel liegt.

Das lässt sich aber nur beim Niederzurren anwenden.

2.1.10 Blockierkraft (BC) $\quad F_T = \dfrac{(c_x - \mu \cdot c_z) \cdot (F_G - BC)}{\mu \cdot \sin \alpha \cdot 2} \cdot f_s$

Maximalkraft, mit der eine Blockiereinrichtung, z.B. ein Hemmschuh oder eine Quertraverse, in einer festgelegten Richtung belastet werden darf.

2.2 Standfestigkeit

2.2 STANDFESTIGKEIT (KIPPSICHERHEIT)

Bei der Ladungssicherung ist die Standsicherheit oder auch seitliche Kippsicherheit des Ladegutes im Wesentlichen mit zu berücksichtigen. Ob ein Ladegut standsicher ist, liegt an der Höhe des Schwerpunktes und an der jeweiligen Breite.

Bild 2.6: Auf dieser Kiste sind das Symbol „Anschlagen hier" und die Markierung des Schwerpunkts zu erkennen.

Das Ladegut ist standsicher, wenn die Schwerpunkthöhe kleiner ist als die halbe Breite seiner Grundfläche, bei Ladegütern mit kreisförmigen Böden der halbe Durchmesser (= Radius).

Standfestigkeit 2.2

Ladegüter, deren Schwerpunkt nicht mittig liegt, bedürfen besonderer Aufmerksamkeit. Deshalb sollten immer Symbole angebracht werden, die den Schwerpunkt markieren.

In besonders schwierigen Fällen müssen, um das Ladegut zu sichern, die Standfestigkeit und die Ladungssicherung nach DIN EN 12 195-1 berechnet werden.

Bild 2.7: Diese Kiste ist nicht standsicher.

Beispiel:
Holzkiste
Höhe: 340 cm
Breite: 236 cm
Schwerpunkthöhe (d): 270 cm
Breitenabstand des
Schwerpunktes (b_y): 118 cm
Masse: 20 000 kg

Gleichung 1

$$F_z \cdot b_{x,y} > F_{x,y} \cdot d$$

Beispiel zur Seite (b_y)

$$b_y > \frac{F_y}{F_z} \cdot d$$

$$118 > \frac{10\,000}{20\,000} \cdot 270$$

Ergebnis: 118 zu 135

Somit ist der Breitenabstand kleiner als die Schwerpunkthöhe (**118 cm zu 135 cm**). Die Holzkiste ist **nicht standsicher.**

Ist die Bedingung der Gleichung 1 nach der DIN EN 12 195-1 erfüllt, ist eine Ladung standfest. Eine nicht standfeste Ladung hat einen hoch liegenden Schwerpunkt im Verhältnis zu den Maßen der Grundfläche. Im Falle einer instabilen Ladung muss die Gefahr des Umkippens berücksichtigt werden.

Formel einer nicht standsicheren Ladung im Niederzurrverfahren nach DIN EN 12 195-1, Kapitel 5 zum obigen Beispiel.

$$F_T \geq \frac{(c_y \cdot d - c_z \cdot b_y) F_G}{w \cdot \sin \alpha} \cdot f_s$$

2.3 Fürs Gedächtnis

2.3 FÜRS GEDÄCHTNIS

✔ Beim Fahrbetrieb wirken verschiedene **Kräfte** auf Fahrzeug und Ladung:
- **Gewichtskraft** – Kraft, mit der ein Körper von der Erde angezogen wird.
- **Fliehkraft** – Kraft, die einen Körper bei einer Kreisbewegung nach außen zieht.
- **Trägheitskraft** – wirkt beim Anfahren entgegen der Fahrtrichtung.
- **Trägheitskraft** – bewirkt beim Bremsen, dass die Ladung Richtung und Geschwindigkeit beibehalten will.
- **Reibkraft** – Widerstandskraft gegen das Verschieben eines Körpers auf einer Unterlage.

✔ Der **Reibbeiwert** μ gibt den Mittelwert an.

✔ Ladung muss **immer gesichert** werden, egal wie schwer sie ist.

✔ Zur richtigen Dimensionierung der Ladungssicherung müssen **Kräfte berechnet** oder aus Tabellen **abgelesen** werden.

✔ Ein Ladegut ist **standsicher**, wenn die Schwerpunkthöhe kleiner ist als die halbe Breite seiner Grundfläche.

2.4 KONTROLLFRAGEN

1. **Welche maximalen Massenkräfte der Ladung sind im Fahrbetrieb bei der Ladungssicherung zu berücksichtigen?**

   - ❑ A   Nach vorn 0,7 F_G, zur Seite 0,5 F_G, nach hinten 0,7 F_G
   - ❑ B   Nach vorn 0,8 F_G, zur Seite 0,5 F_G, nach hinten 0,7 F_G
   - ❑ C   Nach vorn 0,8 F_G, zur Seite 0,5 F_G, nach hinten 0,5 F_G
   - ❑ D   Nach vorn 1,0 F_G, zur Seite 0,5 F_G, nach hinten 0,5 F_G

2. **Die Reibung ist die Widerstandskraft gegen das Verschieben eines Körpers auf einer Unterlage, z. B. zwischen Ladegut und Ladefläche. Wodurch wird sie physikalisch maßgeblich beeinflusst?**

   - ❑ A   Durch die Fahrgeschwindigkeit des Fahrzeugs
   - ❑ B   Durch den Reibbeiwert µ
   - ❑ C   Durch Kurvenfahrten
   - ❑ D   Durch Vollbremsungen

3. **Bei der Zugprüfung wird ein Reibbeiwert µ von 0,4 ermittelt, das bedeutet,**

   - ❑ A   dass eine Kraft von 400 daN nötig ist, um eine Ladung von 1000 daN auf der Ladefläche zu verschieben.
   - ❑ B   dass 400 daN nur bei einer Vollbremsung berücksichtigt werden.
   - ❑ C   dass 400 daN nur ein Anhaltswert sind.
   - ❑ D   dass der Reibbeiwert µ 400 beträgt.

2.4 Kontrollfragen

4. Wovon ist die Fliehkraft abhängig?

❏ A Vom Kurvenradius; je größer der Kurvenradius, desto größer die Fliehkräfte bei konstanter Geschwindigkeit

❏ B Von der Geschwindigkeit, mit zunehmender Geschwindigkeit wächst die Fliehkraft im Quadrat

❏ C Von der Größe der Masse, je größer die Masse, desto geringer die Fliehkraft

❏ D Weder Geschwindigkeit, Kurvenradius noch Masse haben Einfluss auf die Fliehkraft.

5. Das Schwerpunktsymbol auf einer Holzkiste befindet sich im oberen Drittel der Kiste. Was hat der Kraftfahrer zu beachten?

❏ A Nichts

❏ B Der hohe Schwerpunkt muss bei der Ladungssicherungsberechnung gemäß DIN EN 12 195-1 zusätzlich mit berücksichtigt werden.

❏ C Das Schwerpunktsymbol ist nur bei Ladearbeiten wichtig.

❏ D Bei der Sicherung der Ladung muss zur Seite 1 g berücksichtigt werden.

Fahrzeugaufbauten 3.1

3 ANFORDERUNGEN AN DAS TRANSPORTFAHRZEUG

3.1 FAHRZEUGAUFBAUTEN

Fahrzeugaufbauten müssen so beschaffen sein, dass sie das zu transportierende Ladegut sicher aufnehmen können. Bei Bild 3.1 ist das nicht der Fall.

Bild 3.1: Der Lkw ist zur Aufnahme und für das Übereinanderstapeln von Altfahrzeugen nicht geeignet. Für solche Transporte sind Schrottcontainer einzusetzen. Hier besteht Lebensgefahr für andere Verkehrsteilnehmer.

Die Fahrzeugstabilität wird oftmals überschätzt. Pritschenfahrzeuge mit Bordwänden und Planenverdeck sowie Stirnwänden, z. B. auch bei Curtainsidern, sind nicht stabil genug, um die Ladung vollständig zu sichern.

Eine gesetzliche Norm über die Festigkeit der Fahrzeugaufbauten gibt es nicht, bei der Prüfung nach § 29 StVZO ist dies auch kein Prüfkriterium. Nur der § 22 StVO verweist auf den „Stand der Technik". Der § 30 StVZO „Beschaffenheit der Fahrzeuge" (1) formuliert: „Fahrzeuge müssen so gebaut und ausgerüstet sein, dass ..." Der Verweis auf die DIN EN 12 642 ist hier jedoch auch nicht gegeben.

Für die zulässige Belastung von Wechselbehältern können die DIN EN 283 und 284 herangezogen werden. Für Aufbauten an Nutzfahrzeugen ist die DIN EN 12 642 gültig.

Der Unternehmer sowie die Disposition sollten hier geeignete Fahrzeuge auswählen, um das Ladegut sicher zu transportieren.

3.2 Belastbarkeit von Stirnwand und Seitenwänden

3.2 BELASTBARKEIT VON STIRNWAND UND SEITENWÄNDEN BEI FAHRZEUGEN ÜBER 3,5 T GESAMTMASSE

Im Allgemeinen lässt sich bei Beachtung der DIN EN 283, 284 und DIN EN 12 642 sagen, dass Wechselbehälter sowie Aufbauten von Nutzfahrzeugen folgende geprüfte Aufbaufestigkeiten haben. Voraussetzung ist jedoch immer der unbeschädigte Fahrzeugaufbau.

Aufbau von Nutzfahrzeugen:

Standard-Fahrzeugaufbauten nach Code „L" mit Bordwänden und Planenverdeck sowie Kofferaufbau

- vordere Stirnwand: 40 % der Nutzlast, jedoch max. 5000 daN
- Rückwand: 25 % der Nutzlast, jedoch max. 3100 daN
- Seitenwände: je 30 % der Nutzlast

Standard-Fahrzeugaufbauten nach Code „L" Curtainsider

Achtung: Die neue DIN EN 12 642 fordert eine Festigkeit der Seitenwände von 15 % der Nutzlast.

- vordere Stirnwand: 40 % der Nutzlast, jedoch max. 5000 daN

Bild 3.2: Belastbarkeit des Aufbaus sowie der Stirn- und Seitenwände von Nutzfahrzeugen

Belastbarkeit von Stirnwand und Seitenwänden 3.2

- Rückwand: 25 % der Nutzlast, jedoch max. 3100 daN
- die Curtainsiderplane ist nur ein Witterungsschutz und darf nicht belastet werden

Bei den Seitenwänden von Nutzfahrzeugen Code „L" ist zu berücksichtigen, dass im Bereich der Bordwände 24 % und bei Spriegelaufbau 6 % als Wert zugrunde gelegt werden. Dieser Wert ist aber nur bei formschlüssiger Verladung mit zu berücksichtigen, d. h., es muss direkt an die Bord- und Seitenwände herangeladen werden. Besteht kein Formschluss, kann kinetische Energie frei werden und es kommt zwangsläufig zur Verformung des Aufbaus. Je höher die Fahrgeschwindigkeit, desto größer die Verformung bis hin zur Zerstörung des gesamten Aufbaus. Curtainsider Code „L" haben seitlich keinen festen Aufbau. Die seitlich angebrachten Holz- oder Aluminiumeinsteckbretter müssen nach Herstellerangaben vorhanden sein. Bei Curtainsidern, die vor April 2002 gebaut wurden, oder bei Fahrzeugaufbauten Code „L" ersetzen die Einsteckbretter jedoch nicht den festen Fahrzeugaufbau einer entsprechenden Seitenwand. Die Ladung muss bei solchen Fahrzeugen **immer** gesichert werden.

Bilder 3.3a und b: Diese Stirnwand ist so stark beschädigt, dass auch das Abspannen mit einem Zurrgurt ihre Festigkeit nicht erhöht.

3.2 Belastbarkeit von Stirnwand und Seitenwänden

Bild 3.4: Getränketransport auf einem Curtainsider. Die Ladung hat sich verschoben. Der Aufbau hielt der Belastung nicht stand.

Fahrzeugaufbauten nach Code „XL"

Beachtung zertifizierter Fahrzeugaufbauten

Bitte beachten Sie **genau** die Angaben des Herstellers und Zertifizierers im Zertifikat. Lediglich die Angabe in der Beschreibung des Ladegutes, z. B. Stückgut, Altpapier oder Daimler Ladungssicherung 9.5, ist nicht ausreichend. Sollte Ihr Ladegut **nicht** in diese Zertifikatsbeschreibung passen, **muss** die Ladung gesichert werden.

Geprüfte Aufbaufestigkeit

Verstärkte Fahrzeugaufbauten nach Code „XL"
- vordere Stirnwand: 50 % der Nutzlast
- Rückwand: 30 % der Nutzlast
- Seitenwände: je 40 % der Nutzlast

Belastbarkeit von Stirnwand und Seitenwänden 3.2

Bild 3.5: Richtig ausgestatteter Fahrzeugaufbau nach DIN EN 12 642 Code XL. Die Einstecklatten sind gemäß Zertifikat 4 pro Rungenfeld eingefügt.

Bild 3.6: Hinweis auf ein Code-XL-Fahrzeug

Bild 3.7: Das dazugehörige Einsteckbrett

3.2 Belastbarkeit von Stirnwand und Seitenwänden

Leichtmetall-Hohlkammerprofile

Bild 3.8: Richtig ausgestatteter Fahrzeugaufbau nach DIN EN 12 642 Code XL. In die Plane eingearbeitete **Leichtmetall-Hohlkammerprofile** *machen den Einsatz von Einstecklatten überflüssig. Dadurch werden Be- und Entladevorgänge deutlich beschleunigt.* **So gibt es auch Federstahl- anstatt Einstecklatten.** *Bei der neuen Ladungssicherungsplane Safe Curtain von KRONE sind hochfeste Federstahlstreifen in vertikalen PVC-Tunneltaschen in die Seitenplanen integriert.*

Belastbarkeit von Stirnwand und Seitenwänden 3.2

Geprüfte Aufbaufestigkeit / Confirmed bodystrength		
Vorderwand / Frontwall	0,5 P	13.500 daN
Seitenwand / Sidewall	0,4 P	10.800 daN
Rückwand / Rearwall	0,3 P	8.100 daN
P = 27.000 Kg		
Fahrzeug entspricht / Vehicle body in comliance with	EN 12642-XL certificate	
SCHMITZ CARGOBULL		

Bild 3.9: Beispiel eines älteren Hinweisschildes für „Geprüfte Aufbaufestigkeit"

Name des Herstellers	EN 12642-XL		
Fahrzeugaufbau in Übereinstimmung mit	P (27 000 kg) (P ist der Testwert)		
Ladehöhe bis zu	200 mm	800 mm	Max. Höhe
Stirnwand	18 100 daN	15 700 daN	13 500 daN
Rückwand	–	–	8 100 daN
Seitenwand	–	12 600 daN	10 800 daN
Anzahl der Latten pro Abschnitt	3 Aluminium / Holz		

Bild 3.10: Beispiel eines neueren Hinweisschildes für „Geprüfte Aufbaufestigkeit"

Beachten Sie, dass ein **neuer** Fahrzeugaufbau die Festigkeitsprüfung bestanden hat. Sie sollten immer darauf achten, dass der Fahrzeugaufbau entsprechend den Herstellerangaben routinemäßig geprüft wird und dass Beschädigungen am Fahrzeugaufbau umgehend instandgesetzt werden müssen. Bei starken Beschädigungen sollten Sie sich immer mit dem Hersteller in Verbindung setzen und den Aufbau neu prüfen lassen.

Fahrzeugaufbauten mit Doppelstocksystemen sind hier nicht berücksichtigt. Bitte fragen Sie den Hersteller.

3.2 Belastbarkeit von Stirnwand und Seitenwänden

Bild 3.11: Beispiel einer Wechselbrücke

Aufbau der Wechselbehälter, Bauweise DIN EN 283, alle Varianten:

- vordere Stirnwand: 40 % der Nutzlast
- Rückwand: 40 % der Nutzlast
- Seitenwände: je 30 % der Nutzlast

Aufbau der Wechselbehälter, Bauweise DIN EN 284, Klasse C, alle Varianten:

In Absprache zwischen Hersteller und Kunde dürfen Wechselbehälter optional mit Einrichtungen zur Ladungssicherung ausgeliefert werden. Für Wechselbehälter mit Schiebeplanen sind Einrichtungen zur Ladungssicherung vorgeschrieben.

Wo vorhanden, müssen Einrichtungen zur Ladungssicherung den Anforderungen aus DIN EN 12 640 und DIN EN 12 642 entsprechen.

Zurrpunkte 3.3

3.3 ZURRPUNKTE

Wenn **Zurrpunkte an Nutzfahrzeugen** angebracht sind, müssen sie der DIN EN 12 640 entsprechen. Bei Großraum- und Schwertransporten ist die VDI 2700 Blatt 13 zu beachten. Der **Unternehmer** muss bei der Anschaffung von Nutzfahrzeugen darauf achten, dass die Vorschriften eingehalten werden, damit die Ladung ordnungsgemäß gesichert werden kann (siehe § 30 StVZO). Wenn der Unternehmer das Fahrzeug nach den gültigen Normen und Richtlinien beim Fahrzeughersteller bestellt, hat dieser die Fahrzeuge entsprechend herzustellen.

Bild 3.12: Abstände und Festigkeit der angebrachten Zurrpunkte entsprechen der Norm. Bei der Doppelbelegung des Zurrpunktes ist zu beachten, dass die Kräfte in unterschiedliche Richtungen wirken. Eventuell sind die resultierenden Kräfte zu errechnen. Die Zurrhaken behindern sich nicht gegenseitig im Zurrpunkt.

Bild 3.13: Eine derartige Doppelbelegung des Zurrpunktes ist nicht zulässig. Der Zurrpunkt würde sich unter Belastung verformen und eventuell brechen. Die Zurrhaken sind im Hakengrund nicht belastet.

3.3 Zurrpunkte

Nachrüsten von Zurrpunkten

Der **Halter** ist dafür verantwortlich, dass alle Beteiligten die Ladung ordnungsgemäß sichern können. Fehlen Zurrpunkte oder sind diese nicht ausreichend vorhanden, weil es sich vielleicht um ein älteres Fahrzeug handelt, sollten diese nachgerüstet werden.

Das Nachrüsten eines Zurrpunkts darf nicht ohne Rücksprache mit dem Fahrzeughersteller, einer Fachwerkstatt oder einer fachlich qualifizierten Person erfolgen. Die Einbauvorschriften des Zurrpunktherstellers sind immer zu beachten. Die Nachrüstarbeiten sind sach- und fachgerecht durchzuführen. Dies kann durch den Fahrzeughersteller oder eine Fachwerkstatt erfolgen.

Das Nachrüsten von Zurrpunkten muss dokumentiert und die Dokumentation vom Halter aufbewahrt werden.

Der Fahrzeugrahmen (Haupt- oder Außenrahmen) ist als Zurrpunkt in den meisten Fällen nicht geeignet. Sind Zurrpunkte am Fahrzeug vorhanden, sind diese zu nutzen, selbst dann, wenn die Ladung auf den Zurrpunkten steht. In diesem Fall muss die Ladung nochmals bewegt werden, um den Zurrpunkt nutzen zu können. Haftung: Außer dem Kraftfahrer haftet auch der Verlader bei Nichtbeachtung. Ist es unumgänglich, Zurrmittel am Rahmen anzuschlagen, weil die Zurrpunkte an dem Fahrzeug fehlen, sind spezielle Verbindungselemente, wie z. B. U-Profilhaken, einzusetzen. Es ist zu prüfen, ob die Kräfte, die beim Niederzurren aufgebracht werden, vom Rahmen überhaupt aufgenommen werden können. Das Diagonalzurren ist am Rahmen nicht durchführbar, da der Zurrgurthaken am Rahmen nicht entsprechend befestigt werden kann und der Rahmen zusätzlich eine hohe Festigkeit besitzen muss.

Bild 3.14: Diese sogenannte Zurrpunktnachrüstung ist für das Fahrzeug zu schwach. Kreisförmige Ringe, die sich in ihrer Befestigung um ihren gesamten Umfang drehen können, sind nicht zulässig (→ 3.3.2 Festigkeit der Zurrpunkte).

Zurrpunkte 3.3

Bild 3.15: Kein Kommentar! Hat sich der Halter überhaupt Gedanken gemacht oder denkt er nur an Profit? Im Kreis ist der Zurrpunkt aus Bild 3.14 zu sehen.

Bild 3.16: Dieser Rahmen ist nicht in der Lage, die Kräfte beim Zurren aufzunehmen. Anhand der Verformung ist das deutlich zu erkennen. Wenn man den Zurrhaken (U-Profilhaken) wie hier dargestellt an den Fahrzeugrahmen anschlägt, sollte der Rahmen so stabil sein, dass er sich beim Zurren nicht verformt.

3.3 Zurrpunkte

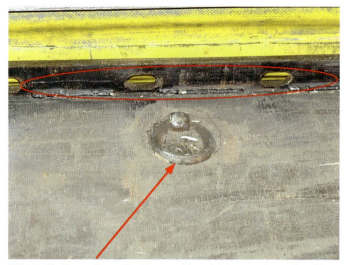

Bild 3.17: So sollten die Zurrpunkte nicht aussehen. Der Zurrpunktring ist festgerostet und liegt im Sand. Die Zurrpunktleiste wurde vom Halter nachgerüstet. Anhand der Schweißnaht ist zu erkennen, dass dies kein Fachmann geschweißt hat. Diese Art der Nachrüstung ist verboten.

Bild 3.18: Die Nachrüstung eines Zurrpunkts mit Hilfe einer Gewindestange ist verboten. Es dürfen nur geprüfte Zurrpunkte nachgerüstet werden.

Zurrpunkte 3.3

Bilder 3.19a und b: Über die Eignung der Zurrpunkte braucht man hier sicher nicht zu diskutieren. Diese sind nicht geeignet. Kraftfahrer und Verlader haben ein Bußgeld zu erwarten.

Bild 3.20: Dieser Zurrpunkt wurde vom Fahrzeugaufbauer auf Wunsch des Halters für Betonplattentransport nachgerüstet.

Bild 3.21: Hier können einzelne Elemente hochgeklappt werden, die dann als Zurrpunkt dienen.

3.3 Zurrpunkte

Bilder 3.22a und b: Seitlich am Sattelauflieger entlang installierte Zurrpunkte, wie diese Lochschienen, bieten überall gute Sicherungsmöglichkeiten. Es lassen sich auch unterschiedliche Zurrhaken einsetzen.

Bild 3.23: Versenkbarer Zurrpunkt

Bild 3.24a und b: Schubboden mit Jolodaschienen und versenkbaren Zurrpunkten

Zurrpunkte 3.3

Die DIN EN 12 640 schreibt vor, wie viele Zurrpunkte vorhanden sein müssen und wie groß die Belastbarkeit jedes einzelnen Zurrpunktes mindestens sein muss. So soll bei einem Fahrzeug mit über 12 t zulässiger Gesamtmasse **jeder einzelne Zurrpunkt** mindestens 2000 daN aufnehmen.

Die VDI 2700 Blatt 13 empfiehlt **bei Großraum- und Schwertransportfahrzeugen**, die Ausrüstung der Fahrzeuge mit Zurrpunkten in Anlehnung an DIN EN 12 640 vorzunehmen.

Bei unteilbarer Ladung wird empfohlen, mindestens Zurrpunkte mit einer Nennzugkraft von 10 000 daN anzubringen.

Bilder 3.25a und b: Weitere Zurrpunkte sind unterhalb des Fahrzeugaufbaus angebracht, um die Ladung sichern zu können, z. B. für ein Zurrdrahtseil mit Winde.

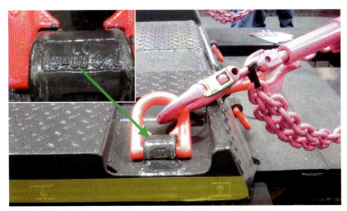

Bild 3.26: An diesem Zurrpunkt ist LC 13 400 daN angegeben.

3.3 Zurrpunkte

Bild 3.27: Schwerlastzurrpunkt mit Kennzeichnung

Bild 3.28: Schwerlastzurrpunkt mit Kennzeichnung

Zurrpunkte 3.3

3.3.1 Zurrpunktschild

Das Zurrpunktschild sollte an gut sichtbarer Stelle am Fahrzeugaufbau angebracht sein. Angaben, wie zulässige Zugkraft und der Hinweis auf die DIN 75 410 oder DIN EN 12 640, müssen auf dem Hinweisschild enthalten sein.

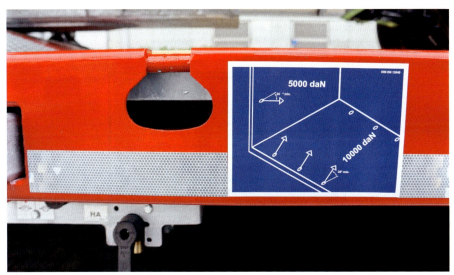

Bild 3.29: Schwerlastzurrpunkt mit Zurrpunktschild nach DIN EN 12 640

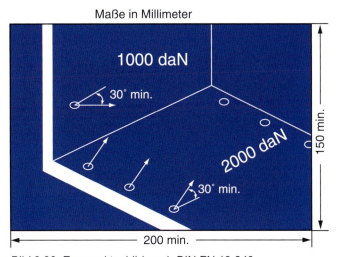

Bild 3.30: Zurrpunktschild nach DIN EN 12 640

3.3 Zurrpunkte

3.3.2 Festigkeit der Zurrpunkte

Festigkeit der einzelnen Zurrpunkte auf Nutzfahrzeugen:

2000 daN bei Fahrzeugen mit einer zulässigen Gesamtmasse > 12 t
1000 daN bei Fahrzeugen mit einer zulässigen Gesamtmasse > 7,5 t, ≤ 12 t
800 daN bei Fahrzeugen mit einer zulässigen Gesamtmasse > 3,5 t, ≤ 7,5 t
400 daN bei Fahrzeugen mit einer zulässigen Gesamtmasse ≤ 3,5 t

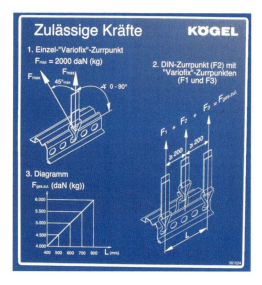

Bilder 3.31a und b: Zurrpunktschilder mit entsprechenden Hinweisen

Zurrpunkte 3.3

3.3.3 Anzahl der Zurrpunkte

Anzahl der Zurrpunkte (X) nach Gewicht

- Nutzlast (P) des Fahrzeugs = 20 000 kg
- Erdbeschleunigung g = 9,806665 m/s^2 (aufgerundet 10 m/s^2)

> Gewichtskraft (F_G) = Nutzlast (P) · Erdbeschleunigung (g)

F_G = 20 000 kg · 10 m/s^2 $F_G \approx$ 20 000 daN

Die Festigkeit der einzelnen Zurrpunkte beträgt 2000 daN (→ *Themenbereich 3.3.2*, Fahrzeug > 12 t).

Um genügend Zurrpunkte zu erhalten, wird das 1,5fache der Nutzlast angesetzt.

$$X = \frac{1,5 \cdot P}{2000 \text{ daN}} \qquad X = \frac{1,5 \cdot 20000 \text{ daN}}{2000 \text{ daN}}$$

X = 15 Zurrpunkte, d. h. 8 Zurrpunkte an jeder Seite (aufgerundet).

Anzahl der Zurrpunkte nach Ladeflächengröße

- Zurrpunkte sollten so angeordnet sein, dass der in Längsrichtung gemessene Abstand von der Stirnwand vorn/hinten nicht mehr als 500 mm und der Abstand zwischen zwei benachbarten Zurrpunkten an einer Längsseite nicht mehr als 1200 mm beträgt.
- Der in Querrichtung gemessene Abstand von der seitlichen Begrenzung der Ladefläche soll in keinem Fall mehr als 250 mm betragen.

Zurrpunkte in der Stirnwand

Die vordere Stirnwand eines Fahrzeugaufbaus sollte mit mindestens zwei Zurrpunkten ausgestattet sein. Die Zurrpunkte sind so anzuordnen, dass

a) der senkrechte Abstand der beiden Zurrpunkte von der Oberfläche der Ladefläche 1000 ± 200 mm beträgt;

b) der in Querrichtung gemessene Abstand von der seitlichen Begrenzung der Stirnwand her so klein wie möglich gehalten wird und nicht mehr als 250 mm beträgt.

3.4 Bodenbelastung

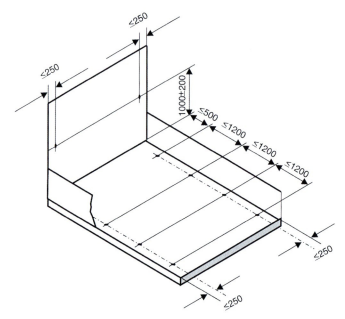

Bild 3.32: Zurrpunktabstände auf der Ladefläche (in mm)

3.4 BODENBELASTBARKEIT DES FAHRZEUGS

Die Beanspruchung des Fahrzeugbodens unterliegt keiner besonderen Norm. Bei der Belastbarkeit des Fahrzeugbodens gibt der Fahrzeughersteller Fliegl bei einem Standard-Sattelauflieger zum Beispiel eine Staplerachslast von 7500 kg an. Bei einem 18-t-Anhänger ist die Staplerachslast von 5400 kg Standard.

Um Schäden zu vermeiden, müssen schwere Güter mit kleiner Auflagefläche bzw. Standfläche mit stabilen Bohlen oder Brettern unterlegt werden. Somit wird der Druck besser auf der Ladefläche verteilt.

Zu bedenken ist, dass beim Niederzurren nicht nur das Gewicht des Ladegutes auf die Ladefläche drückt, sondern auch die Vorspannkraft eines jeden Zurrmittels. Die Bodenbelastbarkeit des Fahrzeugs kann allein dadurch schnell erreicht werden.

Beispiel: Der Einsatz von 12 Zurrgurten mit Langhebelratschen (jeder erreicht bis zu 500 daN) führt dazu, dass zusätzlich zum Ladungsgewicht noch weitere 6000 daN Zurrkraft auf den Ladeflächenboden wirken.

Bodenbelastung 3.4

Bilder 3.33a und b: Äußerlich ist gut erkennbar, dass dieser Sattelanhänger seine Leistungsgrenze erreicht hat. Durch das falsche Beladen ist die Ladefläche fast durchgebrochen.

3.5 Lastverteilung

Bilder 3.34a und b: Ein Fahrzeugboden, der derartig beschädigt ist, darf nicht mehr beladen werden, sonst wäre ein sicherer Transport nicht mehr gewährleistet.

3.5 RICHTIGE LASTVERTEILUNG

Der richtigen **Lastverteilung** sowie auch der Beschaffenheit der Fahrzeuge kommt eine besondere Bedeutung zu. So könnte das Fahrzeug bei falscher Beladung (z. B. Last zu weit nach vorne gestellt) leicht aus der Kurve getragen werden. Ist die Last zu weit nach hinten verladen, verlieren die Vorderräder eventuell die Bodenhaftung und das Fahrzeug würde geradeaus fahren. Ganz zu schweigen von den Schäden, die an den Achsen durch Überschreitung der Achslasten hervorgerufen werden können. Auch sollte die Mindestachslast der Lenkachse nicht unterschritten werden. Der Ladungsschwerpunkt sollte möglichst immer auf der Längsmittellinie des Fahrzeugs liegen und so niedrig wie möglich gehalten werden.

Lastverteilung 3.5

Bild 3.35: Die Grenzen der Lastverteilung sind schnell erreicht. Bei dieser Ladung Stahlmatten hat man die Lastverteilung völlig vernachlässigt, was die fatale Unkenntnis des Kraftfahrers sowie des Verladers zeigt. Von Ladungssicherung und Lastverteilung haben sie noch nichts gehört. Dieser Transport ist unverantwortlich und stellt eine sehr hohe Gefahr für alle Verkehrsteilnehmer dar.

Formschluss durch Paletten zur Stirnwand. Die Sattelplatte wäre sonst zu sehr belastet worden.

Bild 3.36: Dass es auch anders geht, zeigt dieses Bild. Hier haben sich der Kraftfahrer und der Verlader nicht nur Gedanken gemacht, wie die Ladung (Oktatainer) gesichert werden kann, es wurde auch die Lastverteilung beachtet. Dieser Transport stellt **keine** Gefahr für Verkehrsteilnehmer dar.

3.5 Lastverteilung

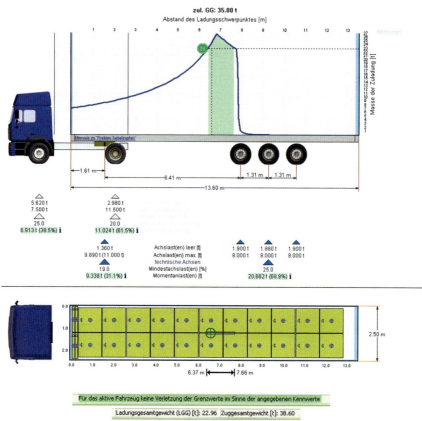

Bild 3.37: Der entsprechende Lastverteilungsplan zum Bild 3.36
(Quelle: CD „Lastverteilungsplan" der BG Verkehr)

Lastverteilung 3.5

3.5.1 Berechnung zur Lastverteilung

Der Gesamtschwerpunkt wird mit der Formel

$$S_{res} = \frac{m_1 \cdot S_1 + m_2 \cdot S_2 + m_3 \cdot S_3}{m_1 + m_2 + m_3}$$

ermittelt; dabei ist
- S_{res}: Abstand des Gesamtladungsschwerpunktes von der Stirnwand
- m: jeweiliges Gewicht (Masse) der Einzelgüter in kg oder t
- S: der Schwerpunktabstand des jeweiligen Ladegutes zur Stirnwand in m

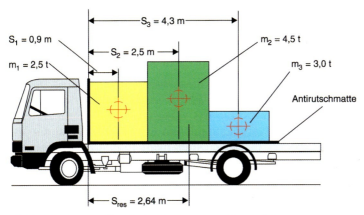

Bild 3.38: Beispiel für die Schwerpunktbestimmung

$$S_{res} = \frac{2{,}5\,t \cdot 0{,}9\,m + 4{,}5\,t \cdot 2{,}5\,m + 3{,}0\,t \cdot 4{,}3\,m}{2{,}5\,t + 4{,}5\,t + 3{,}0\,t}$$

$S_{res} = 2{,}64$ m

Die Berechnung ergibt, dass bei dieser Anordnung der Holzkisten der Gesamtschwerpunkt der Ladung von 10 t (2,5 t + 4,5 t + 3,0 t) in einem Abstand von 2,64 m zur Lkw-Stirnwand liegen würde. Überträgt man diese beiden Werte in den Lastverteilungsplan (→ Bild 3.39), so stellt man fest, dass man die Ladung in dieser Anordnung nicht auf dem Fahrzeug transportieren darf, denn bei 2,64 m Entfernung von der Stirnwand wären nur ca. 8 t Beladung zulässig. Hier muss – z. B. durch Änderung der Holzkisten-Reihenfolge – anders geladen werden, so dass der Gesamtschwerpunkt in einem Abstand von ca. 2,9 m bis 4,4 m zur Stirnwand liegt.

3.5 Lastverteilung

3.5.2 Lastverteilungsplan

$S_{res} = 2,64$ m

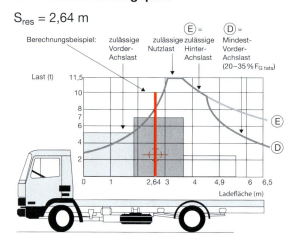

Bild 3.39: Bei dieser Anordnung der Holzkisten liegt der Gesamtschwerpunkt der Ladung von 10 t, bei einem Abstand von 2,64 m zur Lkw-Stirnwand, außerhalb der Lastverteilungskurve.

In der VDI 2700 Blatt 4 ist beschrieben, wie ein Lastverteilungsplan erstellt werden kann. Ebenso bietet die BG Verkehr eine CD-ROM zur Berechnung und Erstellung von Lastverteilungsplänen an. Bei beiden ist die unbelastete Vorderachse zu wiegen, da diese Daten nicht im Fahrzeugschein stehen.

Bild 3.40: Der Kraftfahrer hat im Fahrerhaus eine Kontrollanzeige über Achslasten und Gesamtmasse. Somit kann er prüfen, ob er die gesetzlichen Vorgaben einhält.

3.6 NUTZVOLUMEN

Das Nutzvolumen ist der nutzbare Rauminhalt eines Fahrzeugs, ob es sich nun um ein Tankfahrzeug, Kipperfahrzeug, um einen Sattelanhänger oder Gliederzug mit Kofferaufbauten handelt.

Nutzfahrzeug

Das nutzbare Volumen (V) eines Nutzfahrzeugs errechnet sich aus der Fahrzeuginnenlänge mal Fahrzeuginnenbreite mal Fahrzeuginnenhöhe.

Berechnungsbeispiel für einen Sattelanhänger:

Fahrzeuginnenlänge (l) 13,20 m
Fahrzeuginnenbreite (b) 2,47 m
Fahrzeuginnenhöhe (h) 2,85 m

$$V = l \cdot b \cdot h$$

V = 13,20 m · 2,47 m · 2,85 m = 92,92 m^3

Somit hat das Fahrzeug ein Nutzvolumen von 92,92 m^3.

Tankfahrzeug

Bei Tankfahrzeugen ist im Fahrzeugschein Feld 12 der Rauminhalt in m^3 angegeben.

Bei Gefahrguttankfahrzeugen sind die Bestimmungen über mindest- und höchstzulässigen Füllungsgrad zu beachten.

3.7 Fürs Gedächtnis

3.7 FÜRS GEDÄCHTNIS

✔ **Fahrzeugaufbauten** müssen das Ladegut sicher aufnehmen können.

✔ **Zurrpunkte an Nutzfahrzeugen** müssen der DIN EN 12 640 entsprechen.

✔ Der Fahrzeug**halter** ist für die **Ausrüstung** des Fahrzeugs mit **Zurrpunkten** verantwortlich.

✔ Der Fahrzeug**rahmen** ist als Zurrpunkt meist **nicht geeignet**.

✔ Das **Zurrpunktschild** am Fahrzeugaufbau enthält für die Ladungssicherung wichtige Angaben.

✔ Zur **Vermeidung von Schäden** am Fahrzeugboden schwere Güter mit kleiner Auflagefläche mit stabilen Brettern **unterlegen**.

✔ **Richtige Lastverteilung**: Ladungsschwerpunkt auf der Längsmittellinie und so niedrig wie möglich.

✔ **Lastverteilungsplan** beachten!

✔ Berechnung des **Nutzvolumens**:
V = Fahrzeuginnenlänge · Fahrzeuginnenbreite · Fahrzeuginnenhöhe

3.8 KONTROLLFRAGEN

1. Nennen Sie bei einem Fahrzeug über 3,5 t Gesamtmasse nach Code „L" die Belastbarkeit der Stirnwand.

   ❏ A Stirnwand 40 % der Nutzlast, jedoch max. 3100 daN

   ❏ B Stirnwand 50 % der Nutzlast, ohne max. Belastungsgrenze

   ❏ C Stirnwand 25 % der Nutzlast, jedoch max. 5000 daN

   ❏ D Stirnwand 40 % der Nutzlast, jedoch max. 5000 daN

2. Welche Funktion hat die Seitenplane bei einem Curtainsider, Code „L" Fahrzeugaufbau, gemäß DIN EN 12 642 (alt)?

   ❏ A Die Seitenplane hält 30 % der Nutzlast zurück, jedoch max. 3100 daN.

   ❏ B Die Seitenplane hält 30 % der Nutzlast zurück, ohne max. Belastungsgrenze.

   ❏ C Die Seitenplane von Curtainsider Code „L" ist nur ein Witterungsschutz und darf nicht belastet werden.

   ❏ D Die Seitenplane hält 40 % der Nutzlast zurück, jedoch max. 5000 daN.

3. Die Belastbarkeit von Zurrpunkten ist in der DIN EN 12 640 beschrieben. Wie hoch ist die Festigkeit eines Zurrpunktes bei einem Fahrzeug mit einer zulässigen Gesamtmasse von über 12 t?

   ❏ A 400 daN

   ❏ B 1000 daN

   ❏ C 800 daN

   ❏ D 2000 daN

3.8 Kontrollfragen

4. **Wo sollte der Masseschwerpunkt einer Fahrzeugladung auf der Ladefläche liegen?**

   ❏ A Formschlüssig an der Stirnwand

   ❏ B In der Mitte des gesamten Fahrzeugs

   ❏ C Möglichst in der Mitte der Ladefläche

   ❏ D Laut Lastverteilungsplan, längsmittig und so tief wie möglich

5. **Bei einem Tankfahrzeug müssen Sie den nutzbaren Rauminhalt wissen. Woher bekommen Sie diesen Wert?**

   ❏ A Fahrzeuginnenlänge · Fahrzeuginnenbreite · Fahrzeuginnenhöhe

   ❏ B Bei Tankfahrzeugen ist im Fahrzeugschein, Feld 12, der Rauminhalt in m^3 angegeben.

   ❏ C Den nutzbaren Rauminhalt muss mir der Fahrzeughalter mitteilen.

   ❏ D $V = l \cdot b \cdot h$ ergibt das Nutzvolumen in m^3.

Ladungssicherung 4

4 ARTEN DER LADUNGSSICHERUNG

Die gängigsten Methoden der Ladungssicherung sind
- Niederzurren (**kraftschlüssige** Ladungssicherung),
- Diagonalzurren, Schrägzurren, Horizontalzurren (**formschlüssige** Ladungssicherung),
- Festsetzen durch z. B. Festlegehölzer, oft in Verbindung mit Nägeln und Keilen (die Bestimmungen u. a. der VDI-Richtlinie 2700 sind zu beachten),
- Festsetzen der Ladung mit Hilfe von Trennwänden, Klemmbalken, Ladegestellen, Netzen, Planen, Coilmulden etc.
- oder die **Kombination** dieser Verfahren.

Formschluss/Ladelücke

Wann immer möglich, sollte die Ladung durch Anlegen (Formschluss) gegen die Stirn- oder Seitenwände oder Rungen des Fahrzeugs festgesetzt werden. Ebenfalls ist darauf zu achten, dass Ladelücken grundsätzlich vermieden werden. Ladelücken können z. B. durch Zwischenstellen von Paletten ausgefüllt werden oder aber das Ladegut wird mit Festlegehölzern und Keilen durch Vernageln oder an Lochschienen festgesetzt. Am häufigsten findet das Niederzurren Anwendung. Hier wird die Ladung mit Zurrmitteln überspannt und der Anpressdruck erhöht. Dadurch entsteht eine höhere Reibungskraft und die Ladung wird am Verrutschen gehindert.

Bild 4.1: Die Hemmschuhe sind in der Jolodaschiene fest eingesetzt und dadurch mit der Ladefläche verbunden. In Verbindung mit der stabilen Querbohle hat die Papierrolle Formschluss nach vorn.

4.1 Niederzurren

Bild 4.2: Formschluss ist nicht nur zu den Fahrzeugaufbauten, sondern auch zu anderen Ladegütern erforderlich. Hier sind Ladelücken zu sehen, die man mit Paletten, Staupolstern usw. hätte füllen können.

4.1 DAS NIEDERZURRVERFAHREN (KRAFTSCHLÜSSIGE LADUNGSSICHERUNG)

Diese Zurrart ist deshalb weit verbreitet, weil sie sich bei vielen Ladungen einfach realisieren lässt. Hier wird die Ladung kraftschlüssig durch Zurrmittel auf die Ladefläche gepresst und so durch die Reibungserhöhung am Verrutschen gehindert. Die Kraft, die über das Zurrmittel wirkt, bezeichnet man als **Vorspannkraft**. Sie wird durch die Spannelemente des Zurrmittels aufgebracht.

Die wichtigsten Einflussfaktoren beim Niederzurren sind
- Gewicht der Ladung,
- Zurrwinkel α, gemessen zwischen dem Zurrmittel und der Fahrzeugladefläche. Er sollte nicht unter 35° liegen.

Nachfolgend einige Winkelmessgeräte zum Messen des Zurrwinkels.

Niederzurren 4.1

Bilder 4.3a und b: Mit einem Zurrwinkelmesser lässt sich der Winkel schnell und einfach ermitteln. Es ist jedoch darauf zu achten, dass er nicht unter 35° liegt, sonst wird nicht genügend Anpressdruck beim Niederzurren erreicht.

Bild 4.4: Winkelmesser der Firma RUD   Bild 4.5: Winkelmesser der Firma Braun

Bild 4.6: Winkelmesser der Firma Span-Set

Bild 4.7: Winkelmesser der Firma Wistra

4.1 Niederzurren

- Reibbeiwert µ zwischen Ladegut und Fahrzeugfläche

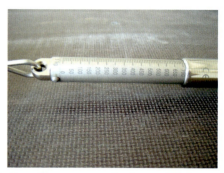

Bilder 4.8a und b: Der µ-Wert kann mittels einer Zugwaage grob eingeschätzt werden. Der Königsberger Ladungssicherungskreis hat im Internet eine Beschreibung dazu erstellt. (www.klsk.de)

Dieser so gemessene µ-Wert (→ *Bilder 4.8a und b*) weicht jedoch in der Messgenauigkeit ab, was auf unterschiedliche Messskalen der Zugwaagen, ungleichmäßige Zuggeschwindigkeiten und auch Materialpaarungsunterschiede zurückzuführen ist. In den VDI-Richtlinien und Europanormen sind mittlerweile genauere Messdaten zu finden. Sie können aber ebenfalls nur als Anhalt dienen. Nimmt man Bezug auf Tabellen, muss immer noch derjenige den µ-Wert entscheiden, der das Fahrzeug belädt. Grundsätzlich ist der µ-Wert vor Ort an den Stellen der Ladefläche in Verbindung mit den Ladegütern zu ermitteln, an denen auch das Ladegut steht. Das heißt, werden Ladegüter infolge der Entladung umgestellt, muss neu ermittelt werden!

- Vorspannkraft in daN

Bilder 4.9a und b: Diese Vorspannkraftmessgeräte sind direkt an der Zurrgurtratsche angebaut. Messbereich von 0 – 1000 daN beim DoMess von Dolezych und 0 – 750 daN beim TFI von SpanSet.

Niederzurren 4.1

Bild 4.10: Messgerät mit einem Messbereich von 0 – 1000 daN, Fa. Dolezych

Bild 4.11: Messgerät für Zurrgurte mit Messbereich 0 – 1000 daN der Fa. SpanSet

Diese Vorspannkraftmessgeräte können am gespannten Gurt angesetzt werden. Nach Umlegen des Spannhebels kann man den Vorspannwert an der Skala ablesen.

Beim Niederzurrverfahren wird die zu sichernde Ladung mit Zurrmitteln überspannt. Die Zurrmittel müssen auf beiden Seiten der Ladefläche an geeigneten Zurrpunkten befestigt werden. Dabei sollten die Ratschen abwechselnd nach links oder nach rechts weisen, da an den Auflagen des Gurtes auf dem Ladegut Reibungsverluste entstehen. Somit wird an der gegenüberliegenden Seite der Ratsche eine geringere Vorspannkraft erreicht. Auch sollte die Vorspannkraft an allen Überspannungen gleich groß sein. Durch Verwendung von Gurtschonern/Kantenschonern wird nicht nur der Verschleiß des Gurtes verringert, sondern auch der Reibungsverlust gering gehalten.

4.1 Niederzurren

Durch Verwendung von Gurtschonern/Kantenschonern wird nicht nur der Verschleiß des Gurtes verringert, sondern auch der Reibungsverlust gering gehalten. Hier jedoch sind keine Kantenschoner notwendig.

Die Ratschen sollten abwechselnd angebracht werden, da an den Auflagen des Gurtes auf dem Ladegut Reibungsverlust entsteht.

Die Zurrmittel müssen an geeigneten Zurrpunkten befestigt werden.

Zurrmittel mit nicht mehr als 50 % der maximalen Zugkraft vorspannen.

Bild 4.12: Wie viele Zurrmittel verwendet werden müssen, hängt von den Einflussfaktoren beim Niederzurren ab.

Bild 4.13: Beim Niederzurren ist auf den Verlauf des Zurrgurtes zu achten, damit die Paletten, die als Auflage dienen, beim Niederzurren richtig belastet werden können.

Niederzurren 4.1

Die Verpackung des Ladegutes muss ebenfalls stabil genug sein, um dem Anpressdruck standzuhalten. Deshalb lässt sich nicht jedes Ladegut ohne weiteres niederzurren.

Bild 4.14: Die palettierten Säcke lassen sich so nicht durch Niederzurren sichern. Der Zurrgurt drückt tief in die palettierten Säcke ein. Eine Verlängerung zum Spannen des Zurrgurtes, so wie dieser Kraftfahrer sie benutzt, ist verboten.

Bild 4.15: Ein Beispiel, wie man es machen kann. Hier kommt eine hochfeste Unterlage aus Pappe zum Einsatz. Über die Pappe wird der Anpressdruck durch das Niederzurren gut verteilt und die Säcke bleiben unbeschädigt.

4.1 Niederzurren

Bild 4.17: Durch den Zurrgurt beschädigtes Ladegut

Bild 4.16: Zurrgurte zwischen dem Ladegut verspannen ist kein Niederzurren.

Bild 4.18: Beschädigung

Bild 4.19: Solch flache Zurrwinkel sind zur Ladungssicherung **nicht** geeignet. Hinzu kommt noch, dass die Ratsche nicht über die Stahlkante geführt werden darf.

Niederzurren 4.1

Bild 4.20: So darf das Niederzurren nicht durchgeführt werden. Das Gitter gibt unter der Spannkraft des Zurrgurtes nach. Die Ladung bleibt somit ungesichert.

Bild 4.21: Palettiertes Formatpapier wurde mit Kantenwinkeln geschützt und mit Langhebelratschen niedergezurrt.

4.2 Diagonalzurren

4.2 DAS DIAGONALZURRVERFAHREN (FORMSCHLÜSSIGE LADUNGSSICHERUNG)

Diese Zurrart findet viel zu selten und dann auch nur Anwendung bei sehr schweren Ladegütern, die so trotz ihres hohen Gewichts sicher auf der Ladefläche gehalten werden. Die verwendeten Zurrmittel werden wesentlich effektiver eingesetzt. Wie viele Zurrmittelpaare verwendet werden müssen, hängt hier ebenfalls, wie beim Niederzurren, von bestimmten Einflussfaktoren ab. Die wichtigsten Einflussfaktoren beim Diagonalzurren sind:

- Gewicht der Ladung
- Reibbeiwert μ
- Zurrwinkel α, β. Der Zurrwinkel α sollte zwischen 20°– 65° und der Zurrwinkel β zwischen 6°– 55° liegen.

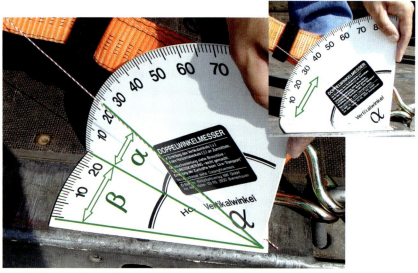

Bild 4.22: Zurrwinkel β sollte zwischen 6° – 55° und α zwischen 20° – 65° liegen.

Diagonalzurren 4.2

Beim Diagonalzurren, Schrägzurren oder Horizontalzurren müssen mindestens zwei Zurrmittelpaare verwendet werden. Diese Zurrmittel werden von den Ecken oder auch Kanten des Ladegutes diagonal zur Ladefläche gespannt. Im Gegensatz zum Niederzurrverfahren werden die Zurrmittel nur handfest angezogen.

Bild 4.23: Beispiel einer Diagonalzurrung mit Kopflasching

4.2 Diagonalzurren

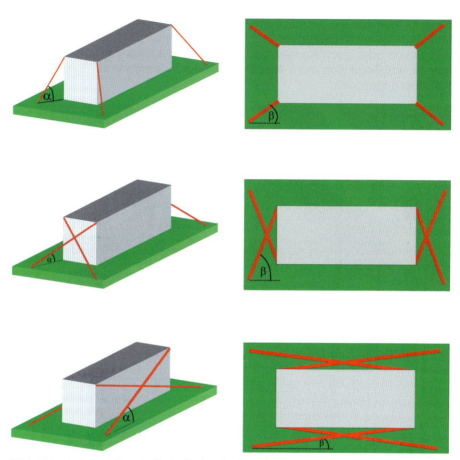

Bild 4.24: Je nach Beschaffenheit der Ladung kann das Diagonalzurren in unterschiedlichen Varianten ausgeführt werden.

Diagonalzurren 4.2

Beispiele für fehlerhaftes Diagonalzurren:

Bild 4.25: Bei diesem Beispiel wurden gleich **mehrere Fehler** gemacht:
- Das Trafohaus steht auf quadratischen Kanthölzern; beim Verrutschen wirken diese wie Rollen.
- Die Lastverteilung wurde nicht eingehalten.
- Standsicherheit und seitliche Kippsicherheit sind nicht gewährleistet.
- Die Anschlagpunkte am Anhängerrahmen sind für die Kette ungeeignet.
- Der Zurrwinkel α ist zu klein und der Zurrwinkel β zu groß.

Bild 4.26: Diagonalzurren. Der α-Winkel liegt gerade noch im Grenzbereich. β ist hier zu groß. Hätte der Fahrer die Zurrpunkte anders gewählt (rote Linien), wären die Winkel günstiger. Bei genauer Betrachtung fällt auf, dass die Zurrkette bereits die Ablegereife erreicht hat.

4.3 Schrägzurren

Bild 4.27: Bei diesem Beispiel wurde der verdrehte Zurrgurt lose durch den Zurrpunkt am Bagger gezogen und nicht fest verzurrt. So kann sich der Bagger jedoch seitlich nach links und rechts bewegen. Das Geröll auf der Ladefläche begünstigt diese Bewegung noch.

4.3 SCHRÄGZURREN

 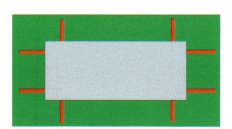

Bild 4.28

Horizontalzurren 4.4

4.4 HORIZONTALZURREN

Beim Horizontalzurren ist die Standfestigkeit zu beachten (→ *Themenbereich 2.2*).

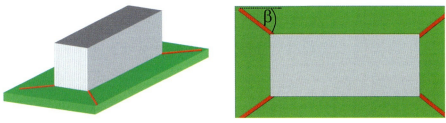

Bild 4.29

4.5 KOMBINATION AUS FORM- UND KRAFTSCHLÜSSIGER LADUNGSSICHERUNG

Bild 4.30

4.6 BUCHTLASCHING

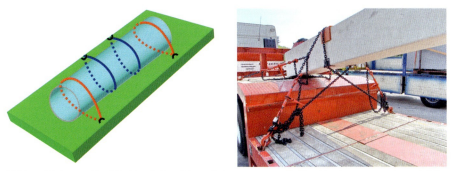

Bilder 4.31a und b: Ein Buchtlasching sichert nur zur Seite. Nach vorn und nach hinten ist jedoch zusätzlich zu sichern, z.B. durch Blockieren der Ladung.

4.7 Kopflasching

4.7 KOPFLASCHING

Bild 4.32: Die Zurrwinkel α und β sollten wie beim Diagonalzurren beachtet werden.

4.8 FÜRS GEDÄCHTNIS

✔ Arten der Ladungssicherung sind: Niederzurren **(kraftschlüssig)**, Diagonal-, Schräg- und Horizontalzurren **(formschlüssig)** bzw. die Kombination verschiedener Verfahren.

✔ Wenn möglich, sollte die Ladung durch **Formschluss** gegen die Stirn- oder Seitenwände oder Rungen festgesetzt werden.

✔ **Ladelücken vermeiden** oder ausfüllen.

✔ Beim Niederzurren: **Zurrwinkel** α nicht unter 35°.

✔ Beim Diagonalzurren: **Zurrwinkel** α zwischen 20° und 65°, **Zurrwinkel** β zwischen 6° und 55°.

4.9 KONTROLLFRAGEN

1. **Welche wichtigsten Einflussfaktoren sind beim Niederzurren zu beachten?**

   ❏ A Gewicht der Ladung, Zurrwinkel α, Vorspannkraft und Gleitreibung μ

   ❏ B Gewicht der Ladung, Zurrwinkel β, Vorspannkraft und Gleitreibung μ

   ❏ C Gewicht der Ladung, Formschluss zur Stirnwand, Vorspannkraft und Gleitreibung μ

   ❏ D Gewicht des Fahrzeugs, Zurrwinkel α, Vorspannkraft und Gleitreibung μ

2. **Wie heißt der Horizontalwinkel beim Diagonalzurren?**

   ❏ A δ

   ❏ B γ

   ❏ C β

   ❏ D α

4.9 Kontrollfragen

3. Welche der folgenden Methoden stellt keine Ladungssicherung dar?

- ❏ A Niederzurren
- ❏ B Ladeeinheitenbildung
- ❏ C Schrägzurren
- ❏ D Diagonalzurren

4. Beim Niederzurren ist der Zurrwinkel α zu beachten. Wo sollte dieser nicht liegen?

- ❏ A über 60°
- ❏ B unter 35°
- ❏ C zwischen 35° und 90°
- ❏ D unter 60°, aber über 35°

5. Sie sollen einen IBC mit Gitterkäfig und einer innenliegenden Kunststoffblase niederzurren. Der Zurrgurt soll direkt über das Gitter geführt werden. Ist das möglich?

- ❏ A Ja, da gibt es kein Problem.
- ❏ B Ja, ich darf jedoch nicht so stark vorspannen.
- ❏ C Ja, wenn ich an jeder Seite eine Zurrgurtratsche benutze.
- ❏ D Nein, ich würde den Gitterkäfig an den Auflagestellen des Zurrgurtes eindrücken und gegebenenfalls beschädigen.

Zurrmittel-Auswahl 5.1

5 ZURRMITTEL FÜR DIE LADUNGSSICHERUNG

5.1 AUSWAHL DER ZURRMITTEL

Welche Zurrmittel stehen zur Verfügung? Es sollten nur geprüfte und einsatzfähige Zurrgurte, Zurrketten und Zurrdrahtseile mit sämtlichem Zubehör zum Einsatz kommen.

Bei Auswahl und Gebrauch von Zurrgurten muss die erforderliche Zurrkraft sowie die Verwendungsart und Art der zu zurrenden Ladung berücksichtigt werden. Größe, Form und Gewicht der Ladung bestimmen die richtige Auswahl der Zurrmittel. Dementsprechend müssen aber auch die beabsichtigte Verwendungsart, die Transportumgebung und die Art der Ladung berücksichtigt werden.

Wegen des unterschiedlichen Verhaltens der verschiedenen Zurrmittel, z. B. **Dehnungsverhalten** unter Belastung, sollte man darauf achten, dass keine unterschiedlichen Zurrmittel zum Verzurren derselben Last verwendet werden.

Vor dem Lösen der Verzurrung hat man sich zu vergewissern, dass die Ladung auch ohne Sicherung noch sicher steht und den Abladenden nicht durch Herunterfallen gefährdet. Dies trifft auch zu, wenn man Spannelemente verwendet, die ein sicheres Entfernen ermöglichen.

Anmerkung für alle Zurrmittel:

Zum Niederzurren dürfen nur Zurrmittel mit S_{TF}-Kennzeichnung eingesetzt werden. Die zur Berechnung der Ladungssicherung anzusetzende Vorspannkraft kann der Zurrmittelkennzeichnung oder dem Vorspannkraftanzeiger entnommen werden.

Die S_{TF} soll sich beim Niederzurren in folgenden Bereichen befinden:
- Zurrgurte: (10…50) % der LC
- Zurrketten (6…10) mm: (25…50) % der LC
- Zurrketten (13…16) mm: (15…50) % der LC
- Zurrdrahtseile: (25…50) % der LC

Das **sachgerechte Kürzen** des Spannmittels am freien Ende ist zulässig.

5.1 Zurrmittel-Auswahl

Beispiele von Zurrmitteln:

Bild 5.1: Einteiliger Zurrgurt

Bild 5.2: Zweiteiliger Zurrgurt

Bild 5.3: Stahlzurrkette

Bild 5.4: Textilzurrkette

Bilder 5.5a und b: Zurrdrahtseile mit Winde und verschiedenen Endbeschlagteilen

Zurrgurte 5.2

5.2 ZURRGURTE

5.2.1 Werkstoffe für Zurrgurte

Die DIN EN 12 195 Teil 2 legt die Sicherheitsanforderungen für Zurrgurte aus Chemiefasern fest. Die Werkstoffe, aus denen Zurrgurte hergestellt sind, verfügen über eine unterschiedliche Widerstandsfähigkeit gegenüber chemischen Einwirkungen. Die Hinweise des Herstellers sind zu beachten, falls Zurrgurte Chemikalien ausgesetzt werden. Dabei muss berücksichtigt werden, dass sich die Auswirkungen des chemischen Einflusses bei steigenden Temperaturen erhöhen. Die Widerstandsfähigkeit von Kunstfasern gegenüber chemischen Einwirkungen ist im Folgenden zusammengefasst:

a) **Polyamide** (PA) sind widerstandsfähig gegenüber Alkalien, werden aber von mineralischen Säuren angegriffen.

b) **Polyester** (PES) ist widerstandsfähig gegenüber mineralischen Säuren, wird aber von Laugen angegriffen.

c) **Polypropylen** (PP) wird wenig von Säuren und Laugen angegriffen und eignet sich für Anwendungen, bei denen hohe Widerstandsfähigkeit gegenüber Chemikalien, außer einigen organischen Lösungsmitteln, verlangt wird.

d) Bei normalerweise harmlosen Säuren- oder Laugenlösungen kann es jedoch durch Verdunstung des Lösemittels zu einer solchen Konzentration kommen, dass Schäden am Gurtmaterial auftreten. Diese Zurrgurte sind sofort außer Betrieb zu nehmen. Sie sollten in kaltem Wasser ausgespült und an der Luft getrocknet werden.

Zurrgurte, die in Übereinstimmung mit der Europäischen Norm EN 12 195 Teil 2 gefertigt wurden, weisen die folgenden Spezifikationen auf:

5.2 Zurrgurte

Tabelle 5.1: Werkstoffe für Zurrgurte mit ihren Eigenschaften sowie die zugehörigen Etikettenfarben

Technischer Vergleich		PES	PA	PP
spezifisches Gewicht in g/cm^3		1,38	1,14	0,91
Dehnung bei LC in %		2,5 – ...		ca. 3,5
Gurtdicke (durchschnittlich)		1,5 – 2,6 mm		ca. 4,5
Abriebfestigkeit		sehr gut	sehr gut	sehr gut
Feuchtigkeitsaufnahme in % bei 65 % relativer Luftfeuchtigkeit 100 % relativer Luftfeuchtigkeit		0,2 – 0,5 0,9 – 1,0	3,5 – 4,5 6,0 – 9,0	0 0
Schmelzbereich		250 °C – 260 °C	215 °C – 220 °C	160 °C – 175 °C
Einsatztemperatur nach DIN/UVV		– 40 / +100 °C	– 40 / +100 °C	– 40 / +80 °C
Beständigkeit gegenüber Chemikalien	Säuren Laugen	gut ausreichend	ausreichend sehr gut	sehr gut sehr gut

5.2.2 Handhabung von Zurrgurten

- Die Zurrkraft (LC) ist die höchste Kraft, mit der ein Zurrgurt im geraden Zug für den Gebrauch ausgelegt ist.
- Die normale Handkraft (Handzugkraft) (S_{HF}) von 50 daN, siehe Etikett, kann mit einer Hand aufgebracht werden.
- Es dürfen nur Zurrgurte zur Verwendung kommen, die lesbar gekennzeichnet und mit Etiketten versehen sind.
- Es dürfen keine mechanischen Hilfsmittel wie Stangen oder Hebel usw. verwendet werden, es sei denn, diese sind Teil des Spannelementes.
- Zurrgurte dürfen nicht geknotet verwendet werden.
- Schäden an Etiketten sind zu verhindern.
- Gurtbänder sind vor Reibung und Abrieb sowie vor Schädigungen von Ladung mit **scharfen Kanten** durch die Verwendung von Schutzüberzügen oder Kantenschonern zu schützen.

Zurrgurte 5.2

Eine **scharfe Kante** liegt vor, wenn der Kantenradius „r" kleiner als die Nenndicke bzw. der Durchmesser des Zurrmittels „d" ist.

Dies ist:
- beim Zurrgurt die Gurtdicke
- bei der Zurrkette die Dicke des Kettengliedes
- beim Drahtseil der Durchmesser des Drahtseiles

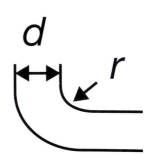

Bild 5.6: Die Zurrgurte werden über die scharfe Kante einer Marmorplatte geführt. So werden die Zurrgurte beschädigt.

Bild 5.7: Das Gurtband verläuft hier direkt über die Palettenkante. Die weiche Holzkante gibt jedoch unter etwas Druck nach, somit ist keine scharfe Kante vorhanden.

Bild 5.8: Die Zurrkette wird über eine scharfe Kante geführt.

Bild 5.9: Hier wird die Zurrkette über eine runde Kante geführt.

5.2 Zurrgurte

Bild 5.10: Das Zurrdrahtseil wird über eine scharfe Kante geführt.

Bilder 5.11a und b: Hier wird das Zurrdrahtseil über eine runde Kante geführt.

- Werfen Sie Ihre Zurrgurte nie von der Ladefläche. Die Spannelemente könnten sich verformen, Gurtbänder werden eventuell beschädigt.

1. *Ausgangsposition:* Ratschenhebel öffnen, leere Wickelwelle in Einfädelposition für das Gurtband bringen
2. *Anlegen der Verzurrung:* Losende an die Ladung anlegen, Verbindungselement sicher in den Zurrpunkt/Befestigungspunkt hängen
3. *Längeneinstellung:* Losende in die Schlitzwelle einfädeln und durchziehen, bis der Gurt stramm an der Ladung anliegt
4. *Spannen:* So lange spannen, bis die gewünschte Spannung erreicht ist. Dabei müssen mindestens zwei, höchstens jedoch drei Wicklungen auf der Schlitzwelle entstehen. Spannelemente mit Vorspannanzeige zeigen die aufgebrachte Vorspannkraft. Beim Niederzurren wird diese Kombination empfohlen.
5. *Sichern:* Nach dem Zurren den Funktionsschieber ziehen und den Ratschenhebel so weit in Schließstellung schwenken, bis der Schieber in die Sicherungsaussparung einrasten kann. Die jetzt geschlossene und arretierte Ratsche wird auch bei starken Rüttelbewegungen im Fahrbetrieb nicht aufspringen.

Zurrgurte 5.2

6. *Lösen:* Funktionsschieber ziehen und Ratschenhebel um ca. 180° bis an den Endanschlag herumschwenken, um den Schieber in die letztmögliche Aussparung einrasten zu lassen.

Achtung: Die Vorspannkraft wird mit einem Schlag freigegeben.

Spannelemente, die stufenweise gelöst werden: Hier wird die Vorspannkraft durch Betätigung des Spannhebels stufenweise abgebaut, bis der Freilauf der Schlitzwelle erreicht wird. Das Gurtband kann abgewickelt und herausgezogen werden. Bei diesen Spannelementen ist unbedingt die Herstelleranleitung zu beachten.

5.2.3 Aufbau eines zweiteiligen Zurrgurtes

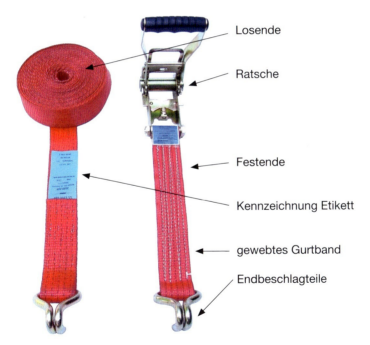

Bild 5.12: Aufbau eines Zurrgurtes

5.2 Zurrgurte

5.2.4 Ablegereife von Zurrgurten

Lassen Sie Ihre Zurrmittel bei Bedarf, mindestens jedoch einmal jährlich, durch eine befähigte Person auf Beschädigungen prüfen. Der Fahrzeugführer sollte bei jedem Einsatz eine Sichtkontrolle auf erkennbare Beschädigungen durchführen. Die Ablegekriterien für **Zurrmittel** sind in der VDI 2700 Blatt 3.1 geregelt.

Die folgenden Punkte sind als Anzeichen von Schäden zu betrachten:

- bei Gurtbändern: Beschädigungen im Querschnitt größer als 10 %, bezogen auf Breite oder Dicke (→ *Bild 5.13*), sowie übermäßiger Verschleiß durch Abrieb, erkennbare Risse, Schnitte, Einkerbungen und Brüche in lasttragenden Fasern und Nähten, Verformung durch Wärmeeinwirkung;
- bei Endbeschlagteilen und Spannelementen: Verformungen, Risse, starke Anzeichen von Verschleiß und Korrosion;
- Kontakt mit aggressiven Stoffen und
- Zurrgurtetikett   – nicht lesbar
                            – fehlende Kennzeichnung

Es dürfen nur Zurrgurte **instandgesetzt werden**, die Etiketten zu ihrer Identifizierung aufweisen. Diese Reparaturen dürfen nur vom Hersteller vorgenommen werden.

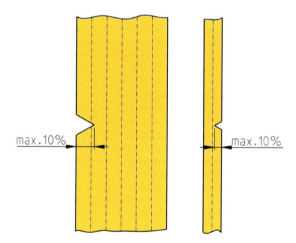

Bild 5.13

Zurrgurte 5.2

5.2.5 Beispiele von Beschädigungen, die die Ablegereife zur Folge haben

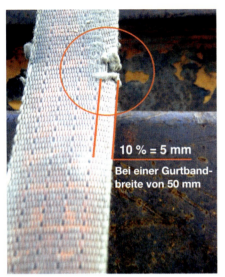

Bild 5.14: Beschädigungen im Querschnitt größer als 10 %, bezogen auf die Breite.

Bild 5.15: Beschädigungen im Querschnitt größer als 10 %, bezogen auf die Dicke.

Bild 5.16: Zusammengeschraubter Zurrgurt

Bild 5.17: Ebenfalls Beschädigungen im Querschnitt größer als 10 %, bezogen auf die Dicke.

5.2 Zurrgurte

Bild 5.18: Eine derartig verbogene Zurrgurtratsche darf nicht mehr eingesetzt werden. Sie ist ablegereif.

Bild 5.19: Zusammengeknotete Zurrgurte und zwei Zurrhaken, die im Zurrpunkt so nicht eingehängt werden dürfen. Unter Belastung drücken die Haken den Zurrpunkt auseinander.

Bild 5.20: Bei dieser Zurrgurtratsche wurde ein Schraubenzieher zu Hilfe genommen, um den Gurt zu spannen. Diese falsche Handhabung führt ebenfalls zur Ablegereife.

Bild 5.21: Ein so geknoteter Zurrgurt ist ablegereif und darf nicht mehr verwendet werden. Der Zurrhaken ist zudem falsch eingesetzt.

Zurrgurte 5.2

Bild 5.22: Dieser Zurrgurt wurde wieder zusammengenäht. Das Etikett hat man ebenfalls wieder mit angenäht.

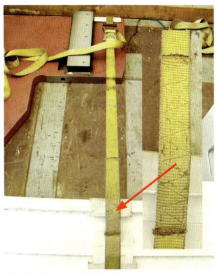

Bild 5.23: Deutlich zu erkennen, dass der Zurrgurt auch hier zusammengenäht wurde.

Bild 5.25: Dieser Gurthaken ist eine Fehlfertigung.

Bild 5.24: Um eine Maschine auf dem Fahrzeug zu sichern, hat der Fahrer ein Rohr durch den Gurthaken gesteckt und dieses dann als Zurrpunkt benutzt. Das ist kein bestimmungsgemäßer Einsatz eines Zurrhakens.

5.2 Zurrgurte

5.2.6 Kennzeichnung

Hinweise zu den Zurrgurten: Beachten Sie grundsätzlich die auf den Etiketten angegebenen Daten, um einer Überforderung bzw. Beschädigung der Zurrgurte entgegenzuwirken.

Komplette Zurrgurteinheiten bzw. demontierbare Teile von Zurrgurteinheiten müssen jeweils mit entsprechenden Etiketten versehen sein (→ *Themenbereich 5.2.7*).

Endbeschlagteile, Spannelemente, Gurtbandklemmen und Vorspannanzeigen müssen mindestens mit dem Namen oder Symbol des Herstellers oder Lieferanten und mit der Zurrkraft (LC) z.B. 25 kN gekennzeichnet sein.

Bild 5.26: Zurrhaken mit fehlender Angabe   *Bild 5.27: Zurrhaken mit richtiger Angabe*

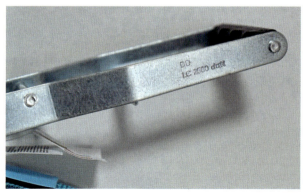

Bild 5.28: Ratschenhebel mit richtiger Angabe

Zurrgurte 5.2

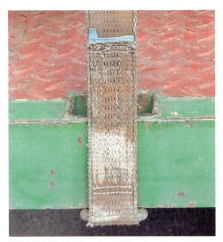

Bild 5.29: Fehlendes Etikett; dieser Zurrgurt ist ablegereif.

Bild 5.30: Nicht lesbares Etikett; ebenfalls ablegereif.

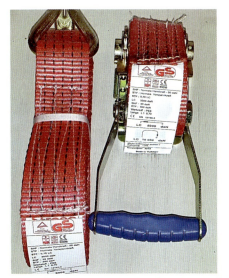
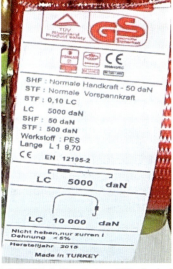

Bilder 5.31a und b: Die **Angaben S_{TF} 500 daN** und **LC 5000 daN** auf dem Etikett sind **äußerst** fragwürdig. Mit einer Kurzhebelratsche und der Handkraft von S_{HF} 50 daN eine Vorspannkraft von S_{TF} 500 daN zu spannen, ist nicht möglich. Auch die Angabe LC 5000 daN bei einem normalen 50 mm Zurrgurtband und bei einem solchen Nahtbild kann nicht korrekt sein. CE-Zeichen und EN 12 195-2 gehören ebenfalls nicht zusammen und weiße Etiketten sind in der Norm nicht enthalten. Hier wurde „gespart", und die Sicherheit ist Nebensache.

5.2 Zurrgurte

Zu den Farben der Zurrgurtetiketten (1 und 2). Diese beiden Beispiele wurden in einem Nicht-EU-Land gefertigt. Denn weiße und rote Etiketten sind nach der EN 12195-2 nicht vorgesehen. Sollten andersfarbige Etiketten verwendet werden, sind diese in Anlehnung an die EN 12195-2 entsprechend zu kennzeichnen. In Anlehnung bedeutet, dass sie z.B. aus einem anderen Material bestehen können, ansonsten jedoch gem. EN 12195-2 gefertigt wurden. Wenn nach EN 12195-2 gefertigt wurde, hat das CE-Zeichen nicht auf dem Etikett zu erscheinen. Das GS-Zeichen darf aufgedruckt sein, muss aber nicht.

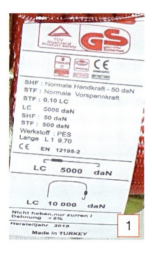
1

2

3

Die Etiketten müssen folgende Farben haben:
- ■ Blau für PES-Gurtband
- ■ Grün für PA-Gurtband
- ■ Braun für PP-Gurtband

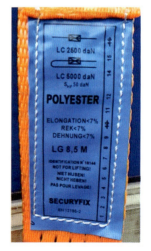

Bild 5.32: Fehlende **Angabe S_{TF}** auf dem Etikett. Dieser Zurrgurt darf zum Niederzurren nicht eingesetzt werden.

Zurrgurte 5.2

5.2.7 Kennzeichnung auf dem Zurrgurtetikett

Folgende Angaben müssen auf einem Zurrmittel vorhanden sein:

- Zurrkraft (LC)
- Längen L_G, L_{GF} und L_{GL} in m
- Normale Handkraft S_{HF}
- Normale Spannkraft S_{TF} (daN) oder Windenkraft am Spannhebel, für die die Ausrüstung typgeprüft wurde, wenn sie zum Niederzurren ausgelegt ist
- Warnhinweis „Darf nicht zum Heben verwendet werden!"
- Werkstoff des Gurtbandes
- Name oder Symbol des Herstellers oder Lieferanten
- Rückverfolgbarkeitscode des Herstellers
- Nummer und Teil dieser Europäischen Norm, d. h. EN 12 195-2
- Herstellungsjahr
- Dehnung des Gurtbandes in % bei LC

Bild 5.33a und b: Unterschiedliche Zurrgurtetiketten je nach Hersteller. Die Angaben sind gem. DIN EN 12 195 Teil 2 vorhanden. Es ist eine S_{TF} von 300 daN bzw. von 500 daN angegeben. Diese Angabe ist wichtig beim Niederzurren.

5.3 Zurrketten

5.3 ZURRKETTEN

5.3.1 Werkstoffe für Zurrketten

Es sollten kurzgliedrige Rundstahlketten der Güteklasse 8 verwendet werden. Die DIN EN 12 195 Teil 3 legt die Sicherheitsanforderungen für Zurrketten fest.

Anmerkung: Langgliedrige Rundstahlketten der Nenndicken 6, 9 und 11 sind nur für den Langholztransport vorgesehen.

5.3.2 Handhabung von Zurrketten

- Es ist darauf zu achten, dass die Zurrkette nicht durch scharfe Kanten der Ladung beschädigt wird.
- Es sind nur lesbar gekennzeichnete und mit Anhänger versehene Zurrketten zu verwenden.
- Zurrketten dürfen nicht überlastet werden. Die maximale Handkraft von 50 daN darf nur mit einer Hand aufgebracht werden und mechanische Hilfsmittel wie z. B. Stangen, Hebel etc. dürfen nicht verwendet werden, sofern sie nicht Teil des Spannelementes sind.
- Beim Direktzurren sollte das Zurrmittel höchstens mit normaler Handkraft gespannt werden. Es sollte jedoch mindestens so stark vorgespannt werden, dass das Zurrmittel nicht mehr durchhängt. Verbindungselemente sind so anzubringen, dass sie sich während des Transports nicht unbeabsichtigt aushängen können. Besteht diese Gefahr, sind Verbindungselemente mit Sicherungen (z.B. Hakenklappsicherung) zu verwenden oder geeignete Maßnahmen gegen unbeabsichtigtes Aushängen zu ergreifen.
- Geknotete oder mit Bolzen und Schrauben verbundene Zurrketten dürfen nicht verwendet werden.
- Schäden an den kennzeichnenden Anhängern sind zu vermeiden.
- Die Zurrketten und die Kanten der Ladung sind vor Abrieb sowie vor Schädigung zu schützen, indem Schutzüberzüge oder Kantenschoner verwendet werden.
- Werfen Sie Ihre Zurrketten nie von der Ladefläche. Die Spannelemente könnten sich verformen, Kettenglieder eventuell beschädigt werden.

Zurrketten 5.3

1. *Ausgangsposition:* Das Spannelement, z. B. Spindelspanner, bis zum Anschlag öffnen. Dabei ist auf gleichmäßiges Ausdrehen der jeweiligen Spindeln zu achten.

Achtung: Eine Ausdrehsicherung muss vorhanden sein.

2. *Anlegen der Verzurrung:* Zurrkette an die Ladung anlegen, Verbindungselement sicher in den Zurrpunkt/Befestigungspunkt hängen.
3. *Längeneinstellung:* Grobverkürzung durch Einhängen der Zurrkette in die Verkürzungsklaue oder Verkürzungshaken. Auf möglichst geringe Schlaffkette achten. Optimal sind Verkürzungsklauen, die an jeder beliebigen Stelle des Kettenstranges angebracht werden können. Verkürzungselemente dürfen keine Reduzierung der Mindestbruchkraft verursachen. Bei Schlaffkette darf kein selbständiges Aushängen aus dem Verkürzungselement auftreten.

Auf ein richtiges Einhängen der Zurrkette in die Verkürzungsklauen ist zu achten (Herstellerhinweise beachten!).

4. *Spannen:* Spannen der Zurrkette durch Drehen am Spannelement in Pfeilrichtung „zu" oder durch Umschalten der Ratsche auf „zu". Die Spannelemente sind so zu positionieren, dass sie im Gebrauchszustand nicht an Kanten anliegen. Beim Schrägzurren darf der Zurrstrang nur so weit vorgespannt werden, dass die Kette nicht mehr durchhängt.
5. *Sichern:* Das Spannelement muss, wenn kein selbsthemmendes Gewinde oder andere Sicherungsmaßnahmen vorhanden sind, zusätzlich durch z. B. eine Sicherungskette so gesichert werden, dass ein selbsttätiges Lösen im gespannten Zustand (auch unter Erschütterungen und Vibrationen) nicht möglich ist.
6. *Lösen:* Spannelement bis zum Anschlag aufdrehen, Grobverkürzung lösen, Zurrhaken an dem Zurrpunkt/Befestigungspunkt der Last entfernen. Die Zurrkette muss nach Gebrauch sicher verwahrt werden, um eine Geräuschentwicklung oder ein Herunterfallen zu verhindern.

5.3 Zurrketten

5.3.3 Aufbau einer Zurrkette

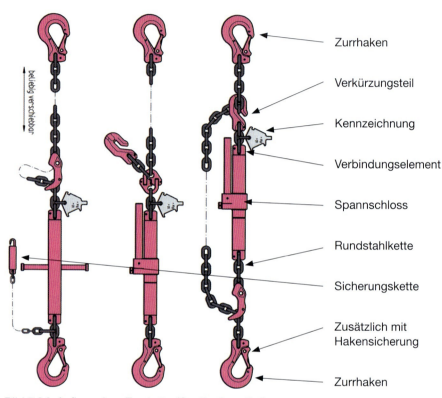

Bild 5.34: Aufbau einer Zurrkette (Quelle: SpanSet)

5.3.4 Ablegereife von Zurrketten

Zurrketten müssen außer Betrieb genommen oder dem Hersteller zur Instandsetzung zurückgeschickt werden, falls sie Anzeichen von Schäden zeigen.

Die folgenden Punkte sind als Anzeichen von Schäden zu betrachten:
- bei Rundstahlketten: Oberflächenrisse, Dehnung von mehr als 3 % der Gliedlänge, Verschleiß durch Abrieb von mehr als 10 % der Nenndicke (d), sichtbare Verformungen
- bei Verbindungsteilen und Spannelementen: Verformungen, Risse, starke Anzeichen von Verschleiß, Anzeichen von Korrosion

Zurrketten 5.3

- Es dürfen keine Beschädigungen an Spann- und Schnellspannschlössern vorhanden sein. Die Schlösser müssen eine Sicherheitsvorrichtung gegen eventuelles Lösen (Spindelausdrehsicherung) aufweisen. Auch die Sicherheitsvorrichtung der Spannelemente mit hakenförmigen Endteilen (Hakensicherung) darf nicht beschädigt sein, um ein unbeabsichtigtes Aushängen zu unterbinden.

5.3.5 Beispiele von Beschädigungen, die die Ablegereife zur Folge haben

Bild 5.35: Der Ratschlastspanner sowie das Gewinde sind verbogen und beschädigt. Der Kettenhaken hat keine Hakensicherung mehr. Eine derart ablegereife Kette darf nicht mehr eingesetzt werden.

Bild 5.36: Selbstgebauter Kettenhaken. Die Kette ist langgliedrig und als Ladungssicherungskette nicht zugelassen. Der Anschlagpunkt am Pkw-Anhänger ist lediglich mit einer 12 mm Schlossschraube versehen, die durch den Holzboden des Fahrzeugs geschraubt wurde.

Bild 5.37: Der Kettenhaken und die Kettenglieder sind verformt. Somit darf die Kette nicht mehr eingesetzt werden. (Quelle: RUD)

5.3 Zurrketten

5.3.6 Kennzeichnung

Jede Zurrkette ist mit einem Metallanhänger versehen (→ *Themenbereich 5.3.7*).

Beachten Sie grundsätzlich die angegebenen Daten auf den entsprechenden Metallanhängern, um die Zurrketten nicht zu überfordern oder zu beschädigen.

Spannelemente müssen zumindest mit dem Namen oder Kennzeichen des Herstellers oder Lieferanten gekennzeichnet sein.

5.3.7 Kennzeichnung auf dem Zurrkettenanhänger

Bilder 5.38a und b: Zurrkettenanhänger (Quelle: RUD)

- Zurrkraft (LC) in daN

- übliche Spannkraft S_{TF} in daN

- bei Mehrzweck-Ratschzügen: Angabe der maximalen Handkraft zur Erreichung der Tragfähigkeit

- Art der Zurrung

- Warnhinweis „Darf nicht zum Heben verwendet werden", ausgenommen sind Mehrzweck-Ratschzüge

- Name oder Kennzeichen des Herstellers oder Lieferanten

- Rückverfolgbarkeits-Code des Herstellers

- Nummer und Teil dieser Europäischen Norm: EN 12 195-3

Zurrdrahtseile/-gurte 5.4

Bild 5.39: Eine intakte Zurrkette gem. DIN EN 12 195 Teil 3

Bilder 5.40a–c: Der Kennzeichnungsanhänger bei den Ketten der Firma RUD dient als Prüfschablone, um die Verschleißgrenze festzustellen.

5.4 ZURRDRAHTSEILE UND ZURR-DRAHTSEILGURTE

5.4.1 Werkstoffe für Zurrdrahtseile und Zurr-Drahtseilgurte

Es dürfen nur Litzenseile verwendet werden, deren Festigkeitsklasse 1770 N/mm² beträgt.

Als Seilart muss ein 6-litziges Kreuzschlagseil mit Faser- oder Stahleinlage mit mindestens 114 Einzeldrähten oder ein 8-litziges Kreuzschlagseil mit Stahleinlage mit mindestens 152 Einzeldrähten verwendet werden, wie in EN 12 385-4 festgelegt.

Schlaufen von Anschlagseilsträngen sind mit Pressklemmen oder durch Spleißen herzustellen.

5.4 Zurrdrahtseile/-gurte

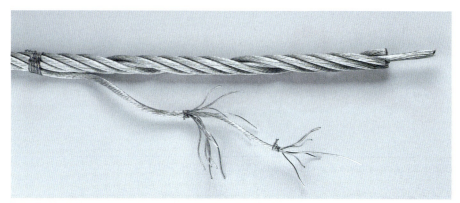

Bild 5.41: Aufbau eines Zurrdrahtseils (Quelle: Carl Stahl)

5.4.2 Handhabung von Zurrdrahtseilen und Zurr-Drahtseilgurten

- Es ist darauf zu achten, dass das Zurrseil nicht durch scharfe Kanten der Ladung beschädigt wird.
- Es dürfen nur lesbar gekennzeichnete und mit Anhänger versehene Zurrdrahtseile und Zurr-Drahtseilgurte verwendet werden.
- Zurrdrahtseile und Zurr-Drahtseilgurte und ihre Spannelemente, wie Winden und Seilzüge, dürfen nicht überlastet werden. Hier darf nur die maximale Handkraft von 50 daN aufgebracht werden. Des weiteren dürfen keine mechanischen Hilfsmittel, wie Stangen oder Hebel usw., verwendet werden, es sei denn, diese sind ausdrücklich für die Verwendung mit den Spannelementen vorgesehen.
- Zurrseile dürfen geknotet nicht eingesetzt werden.
- Schäden an den kennzeichnenden Anhängern sind zu vermeiden.
- Zurrdrahtseile, Zurr-Drahtseilgurte und Kanten der Ladung sind vor Abrieb sowie vor Schädigung durch Verwendung von Schutzüberzügen oder Kantenschonern zu schützen. Als scharfe Kanten gelten solche, bei denen der Kantenradius kleiner ist als der Seilnenndurchmesser. Auch ist darauf zu achten, dass Zurrdrahtseile und Zurr-Drahtseilgurte weder mit Lasten noch mit Fahrzeugen überrollt werden.

Zurrdrahtseile/-gurte 5.4

- Werfen Sie Ihre Zurrdrahtseile und Zurr-Drahtseilgurte nie von der Ladefläche. Die Spannelemente könnten sich verformen, die Zurrdrahtseile und Zurr-Drahtseilgurte eventuell beschädigt werden.
- Zurrdrahtseile und Zurr-Drahtseilgurte sind bei Temperaturen von − 40 °C bis + 100 °C einsetzbar. Bei Minustemperaturen müssen z. B. Spannelemente, Bremsen und Zugseile auf Vereisung überprüft werden.

1. *Ausgangsposition:* Beim Spannen mit dem Seil wird der Sperrhaken aus der Sperrstellung ausgehoben und nach hinten umgelegt.

   Zurrwinden müssen den Forderungen der UVV für Winden, Hub- und Zuggeräte entsprechen. Handbetriebene Winden müssen so eingerichtet sein, dass Kurbeln und Hebel unter Last nicht mehr als 15 cm zurückschlagen können. Die Rückschlagsicherungen müssen so beschaffen und angeordnet sein, dass Eingriffe ohne Zuhilfenahme von Werkzeug nicht möglich sind.

2. *Anlegen der Verzurrung:* Das Seil wird bis auf zwei Windungen abgezogen, über die Ladung gelegt und auf der anderen Seite eingehängt.

3. *Längeneinstellung:* −

4. *Spannen:* Der Sperrhaken wird wieder in die Sperrstellung gebracht. Durch Rechtsdrehen des Handrades wird das Zurrseil vorgespannt. Durch Rechtsdrehen der Kurbel wird die erforderliche Sicherungskraft erzeugt.

5. *Sichern:* Windenkurbel gegen unbeabsichtigtes Lösen sichern.

6. *Lösen:* Beim Lösen Aufsteckgetriebe einsetzen, Vorspannkraft durch Rechtsdrehen der Kurbel etwas erhöhen, dadurch wird Sperrhaken freigegeben und kann nach hinten umgelegt werden (außer Eingriff gebracht). Durch Linksdrehen an der Kurbel des Aufsteckgetriebes wird das Zurrseil langsam entspannt.

5.4 Zurrdrahtseile/-gurte

5.4.3 Aufbau eines Zurrdrahtseiles

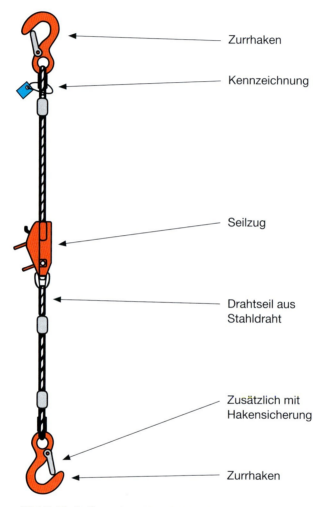

Bild 5.42: Aufbau eines Zurrdrahtseiles

Zurrdrahtseile/-gurte 5.4

Bild 5.43: Unterschiedliche Endbestückungen bei Zurrdrahtseilen mit Kennzeichnungsanhänger

5.4.4 Ablegereife von Zurrdrahtseilen und Zurr-Drahtseilgurten

Zurrdrahtseile und Zurr-Drahtseilgurte müssen außer Betrieb genommen oder dem Hersteller zur Instandsetzung zurückgeschickt werden, falls sie Anzeichen von Schäden zeigen. Als Schäden bezeichnet man z. B.

- Drahtbruchnester oder eine Verringerung des Durchmessers der Pressklemmen durch Abrieb um mehr als 5 %;
- Beschädigung einer Pressklemme oder eines Spleißes;
- Sichtbare Drahtbrüche von mehr als 4 auf 3 d Länge, mehr als 6 auf 6 d Länge oder mehr als 16 auf 30 d Länge; („3 d Länge" nennt man z. B. das 3fache des Seildurchmessers an Länge; in diesem Bereich dürfen sich keine Beschädigungen befinden.)
- Starker Verschleiß oder Abrieb des Seiles um mehr als 10 % des Nenndurchmessers;
- Quetschungen/Einknicke des Seils um mehr als 15 %,
- Bei Verbindungsteilen und Spannelementen: Verformung, Risse, Korrosion;
- Schadhafte Stellen an den Klemmbacken der Seilzüge;
- Zurrdrahtseile mit gebrochenen Litzen dürfen z. B. nicht mehr benutzt werden.

5.4 Zurrdrahtseile/-gurte

Instandsetzungen sind hier in Verantwortung des Herstellers durchzuführen. Der Hersteller muss sicherstellen, dass Zurrdrahtseil, Zurr-Drahtseilgurt und Spannelemente, wie Winden und Seilzüge, wieder die ursprüngliche Leistungseigenschaft zeigen.

5.4.5 Beispiele von Beschädigungen, die die Ablegereife zur Folge haben

Bild 5.44a und b: Die Verschleißgrenze ist bei diesen Drahtseilen erreicht. Einzelne Stahldrähte sind deutlich zu erkennen. Somit ist das Zurrdrahtseil ablegereif.

Bild 5.45: Der Einsatz von Drahtseilklemmen ist verboten!

Bild 5.46: Eine Vielzahl von Drahtbrüchen ist hier erkennbar und führt zur Ablegereife. Um diese Mängel am Zurrdrahtseil zu erkennen, muss der Fahrzeugführer ganz genau hinsehen. (Quelle: Dolezych)

Zurrdrahtseile/-gurte 5.4

5.4.6 Kennzeichnung

Jedes Zurrdrahtseil muss mit einem Metallanhänger versehen sein *(→ Themenbereich 5.4.7)*.

Beachten Sie grundsätzlich die angegebenen Daten auf den entsprechenden Metallanhängern, um die Zurrdrahtseile nicht zu überfordern oder zu beschädigen.

Spannelemente müssen mindestens mit dem Namen oder Kennzeichen des Herstellers oder Lieferanten gekennzeichnet sein.

5.4.7 Kennzeichnung auf dem Zurrdrahtseilanhänger

- Zurrkraft (LC) in daN
- übliche Spannkraft S_{TF} in daN, für die die Ausrüstung ausgelegt ist
- bei Mehrzweck-Seilzügen und Seilwinden: Angabe der maximalen Handkraft zur Erreichung der Zurrkraft LC
- Warnhinweis: „Darf nicht zum Heben verwendet werden"
- Name oder Kennzeichen des Herstellers oder Lieferanten
- Rückverfolgbarkeits-Code des Herstellers
- Nummer und Teil dieser Europäischen Norm: EN 12 195-4

Bilder 5.47a und b: Kennzeichnung auf dem Zurrdrahtseilanhänger (Quelle: Dolezych)

Anmerkung für alle Zurrmittel:

Ist die Angabe „S_{TF}" auf dem Kennzeichnungsetikett oder Kennzeichnungsanhänger nicht vorhanden, darf dieses Zurrmittel nur dann zum Niederzurren eingesetzt werden, wenn mit einem Vorspannkraftmessgerät die Vorspannkraft ermittelt wurde.

5.5 Fürs Gedächtnis

5.5 FÜRS GEDÄCHTNIS

✔ **Nur geprüfte** und einsatzfähige **Zurrgurte, Zurrketten und Zurrdrahtseile** mit Original-Zubehör sollten eingesetzt werden.

✔ Größe, Form und Gewicht der Ladung bestimmen die **richtige Auswahl der Zurrmittel**.

✔ Nur Zurrgurte mit **lesbaren Etiketten** verwenden.

✔ Nur Zurrketten mit **lesbarem Zurrkettenanhänger** verwenden.

✔ Nur Zurrdrahtseile und -drahtseilgurte mit **intaktem und lesbarem Anhänger** verwenden.

✔ Ist die Angabe S_{TF} auf Etikett oder Anhänger nicht vorhanden, das Zurrmittel nur dann zum Niederzurren **verwenden, wenn die Vorspannkraft gemessen wurde**.

✔ Zurrmittel sind pfleglich zu behandeln. Bei Erreichen der **Ablegereife nicht mehr einsetzen**!

5.6 KONTROLLFRAGEN

1. **Benennen Sie ein Ablegekriterium für Zurrgurte.**
   - ❏ A Die Einschnitte am Gurtband sind größer als 10 % an der Webkante.
   - ❏ B Die Zurrgurtratsche ist leicht angerostet.
   - ❏ C Das Zurrgurtetikett ist etwas verblasst.
   - ❏ D Die Einschnitte an der Gurtbandkante betragen etwa 5 %.

2. **Sie wollen Ihre Ladung mit Zurrgurten niederzurren. Welche Angabe vom Zurrgurtetikett benötigen Sie nicht?**
   - ❏ A S_{HF}-Wert
   - ❏ B LC-Wert
   - ❏ C S_{TF}-Wert
   - ❏ D Herstellungsjahr

3. **Sie finden auf Ihrem Lkw eine Zurrkette, die Sie zum Diagonalzurren einsetzen möchten. Der Zurrkettenanhänger ist nicht mehr vorhanden, der Ratschlastspanner ist verbogen. Dürfen Sie diese Kette noch einsetzen?**
   - ❏ A Ja, die Kette ist auf jeden Fall in der Lage, meine Ladung zurückzuhalten.
   - ❏ B Ja, die für mich wichtigen Werte sind nochmals am Spannschloss eingeschlagen.
   - ❏ C Nein, aufgrund des verbogenen Ratschlastspanners und des fehlenden Zurrkettenanhängers hat die Kette die Ablegereife erreicht.
   - ❏ D Nein, die verbogene Kette ist viel zu schwach, um die Ladung zu sichern.

5.6 Kontrollfragen

4. **Sie sind als Verlader an einer Baustelle tätig und erhalten die Anweisung, einen Bagger mit Zubehör zu verladen. Der beauftragte Spediteur meldet sich bei Ihnen an der Verladestelle. Was haben Sie vor Beginn der Verladung zu tun?**
   - ❏ A Ich lasse mir den gültigen Führerschein des Fahrers zeigen.
   - ❏ B Ich prüfe zuerst den Luftdruck der Fahrzeugreifen.
   - ❏ C Ich kontrolliere alle zum Einsatz kommenden Zurrmittel auf Gebrauchsfähigkeit.
   - ❏ D Ich beginne aus Zeit- und Kostengründen sofort mit dem Beladen des Fahrzeugs.

5. **In welcher anerkannten Regel der Technik werden die Ablegekriterien für Zurrmittel beschrieben?**
   - ❏ A in der StVO
   - ❏ B im Handelsgesetzbuch
   - ❏ C in der Bedienungsanleitung des Herstellers
   - ❏ D in der VDI 2700 Blatt 3.1

6. **Durch wen dürfen Zurrgurte oder Zurrketten instandgesetzt werden?**
   - ❏ A durch einen Sachkundigen
   - ❏ B durch den Berufskraftfahrer
   - ❏ C durch den Werkstattmeister
   - ❏ D durch den Hersteller

Berechnung Niederzurren (Tabelle) 6.1

6 ERMITTELN DER ERFORDERLICHEN SICHERUNGSKRÄFTE

6.1 BERECHNUNG NIEDERZURREN EINER FREISTEHENDEN, STANDFESTEN, STABILEN LADUNG ANHAND EINER TABELLE

Die **DIN EN 12 195-1:2011** gilt nur für Fahrzeuge über 3,5 t zulässige Gesamtmasse.

Beispiel:

- Gewicht der Ladung: 4000 kg
- Zurrwinkel $\alpha = 60°$
- Reibbeiwert $\mu = 0{,}3$
- Die Vorspannkraft, die vom Fahrzeugführer über die Ratsche des Zurrgurtes (normaler 50-mm-Zurrgurt) aufgebracht wird, beträgt in den meisten Fällen bei Druckratschen ca. 300 daN.

Hinweis:

Die Vorspannkraft sollte grundsätzlich mit einem Vorspannkraftmessgerät gemessen werden, egal, ob mit einem externen oder einem schon am Zurrgurt angebrachten Messgerät.

Das aus der Tabelle abgelesene Ergebnis ist beeindruckend: man benötigt **16 Zurrgurte**.

Diese Form der Ladungssicherung ist jedoch nicht zu empfehlen, da zu viele Zurrgurte zum Einsatz kommen und der Zeitaufwand zu groß und damit unwirtschaftlich ist. Hinzu kommt noch die Frage, ob genügend Zurrpunkte zur Verfügung stehen.

Änderung

Nimmt man einige Veränderungen vor, wie z. B. Änderung des Reibbeiwertes μ von 0,3 auf 0,6, was durch Unterlegen von **Antirutschmatten** erreicht werden kann, ist die Wirkung sehr erstaunlich und lässt einige Praktiker sicherlich zweifeln.

Die **Anzahl der Zurrgurte** verringert sich tatsächlich **auf 4**.

Ähnlich wirkt sich das bei Veränderung der Vorspannkraft oder des Zurrwinkels aus. Schon durch geringe Veränderungen kann der Aufwand also erheblich verringert und die Ladungssicherung somit kostengünstiger gestaltet werden.

6.1 Berechnung Niederzurren (Tabelle)

Bild 6.1: Zwischen Ladefläche und Keilsystem sowie auf den Keilen sind Antirutschmatten eingesetzt.

Bild 6.2: Zwischen Ladefläche und FIBC sind Antirutschmatten eingesetzt. Die Matten, Maße 200 × 300 × 10 mm, sind dick genug, so dass die FIBC in der Mitte den Boden nicht berühren.

Die entsprechenden Niederzurr-Tabellen sind auf den folgenden Seiten zu finden.

Berechnung Niederzurren (Tabelle) 6.1

Tabelle 6.1: Ermittlung der Zurrmittel-Anzahl bei 1t bis 6t

Vorspannkraft S_{TF}	Reibbeiwert (μ)	1t 35°	1t 45°	1t 60°	1t 75°	1t 90°	2t 35°	2t 45°	2t 60°	2t 75°	2t 90°	3t 35°	3t 45°	3t 60°	3t 75°	3t 90°	4t 35°	4t 45°	4t 60°	4t 75°	4t 90°	5t 35°	5t 45°	5t 60°	5t 75°	5t 90°	6t 35°	6t 45°	6t 60°	6t 75°	6t 90°
250 daN	0,10	30	25	20	18	18	60	49	40	36	35	90	73	60	54	52	120	98	80	72	69	150	122	100	89	86	180	146	119	107	104
250 daN	0,15	19	16	13	12	11	38	31	25	23	22	56	46	37	34	32	75	61	50	45	43	93	76	62	56	54	112	91	74	67	64
250 daN	0,20	13	11	9	8	8	26	21	17	16	15	39	32	26	23	23	52	42	34	31	30	65	53	43	39	37	77	63	51	46	45
250 daN	0,25	10	8	7	6	6	19	16	13	12	11	29	23	19	17	17	38	31	25	23	22	48	39	32	28	27	57	46	38	34	33
250 daN	0,30	8	6	5	5	5	15	12	10	10	9	22	18	15	14	13	29	24	19	19	17	36	29	24	22	21	43	35	29	26	25
250 daN	0,35	6	5	4	4	4	11	9	8	7	7	17	14	11	10	10	22	18	14	14	13	28	23	19	17	16	33	27	22	20	19
250 daN	0,40	5	4	3	3	3	9	7	6	6	5	13	11	9	8	8	18	14	12	11	10	22	18	15	13	13	26	21	17	16	15
250 daN	0,45	4	3	3	2	2	7	6	5	4	4	10	9	7	6	6	14	11	9	9	8	17	14	12	10	10	20	17	14	12	12
250 daN	0,50	3	3	2	2	2	6	5	4	4	3	8	7	6	5	5	11	9	7	7	6	13	11	9	8	8	16	13	11	10	10
250 daN	0,55	3	2	2	2	2	5	4	3	3	3	7	5	4	4	4	9	7	6	5	5	11	8	7	6	6	13	10	8	7	7
250 daN	0,60	2	2	1	1	1	3	3	2	2	2	5	4	3	3	3	6	5	4	4	4	8	6	5	5	4	10	8	6	6	5
300 daN	0,10	25	21	17	15	15	50	41	34	30	29	75	61	50	45	43	100	81	67	60	58	125	102	83	75	72	150	122	100	89	86
300 daN	0,15	16	13	11	10	9	31	26	21	19	18	47	38	31	28	27	62	51	41	37	36	78	63	52	46	45	93	76	62	56	54
300 daN	0,20	11	9	8	7	7	22	18	15	13	13	33	27	22	20	19	43	35	29	26	25	54	44	36	32	31	65	53	43	39	37
300 daN	0,25	8	7	6	5	5	16	13	11	10	9	24	20	16	14	14	32	26	21	19	18	40	32	26	24	23	48	39	32	28	27
300 daN	0,30	6	5	4	4	4	12	10	8	8	7	18	15	12	11	11	24	20	16	16	14	30	25	20	18	18	36	29	24	23	21
300 daN	0,35	5	4	4	3	3	10	8	7	6	6	15	12	10	9	9	19	15	13	11	11	23	19	16	14	14	28	23	19	17	17
300 daN	0,40	4	4	3	3	3	8	6	5	5	5	12	9	8	7	7	15	12	10	9	9	18	15	12	11	11	22	18	15	13	13
300 daN	0,45	3	3	2	2	2	6	5	4	4	3	9	7	6	5	5	12	9	8	7	6	14	12	10	8	8	17	14	12	10	10
300 daN	0,50	3	2	2	2	2	5	4	3	3	3	7	6	5	4	4	9	7	6	6	5	11	9	7	7	6	13	11	9	8	8
300 daN	0,55	2	2	2	1	1	3	3	3	2	2	5	4	4	3	3	7	6	4	4	4	9	7	6	5	5	10	8	7	6	6
300 daN	0,60	2	1	1	1	1	3	2	2	2	2	4	3	3	3	3	5	4	4	3	3	6	5	4	4	4	8	6	5	5	5

Die Werte stellen einen Mittelwert der gemessenen statischen Reibung (Neigungsprüfung), multipliziert mit 0,925 dar.

6.1 Berechnung Niederzurren (Tabelle)

Tabelle 6.1: Ermittlung der Zurrmittel-Anzahl bei 1 t bis 6 t (Forts.)

Vorspann-kraft S_{TF}	Gewicht der Ladung	1t					2t					3t					4t					5t					6t				
	Zurrwinkel (α)	35	45	60	75	90	35	45	60	75	90	35	45	60	75	90	35	45	60	75	90	35	45	60	75	90	35	45	60	75	90
	Reibbeiwert (μ)																														
500 daN	0,10	15	13	10	9	9	30	25	20	18	18	45	37	30	27	26	60	49	40	36	35	75	61	50	45	43	90	73	60	54	52
	0,15	10	8	7	6	6	19	16	13	12	11	28	23	19	17	16	38	31	25	23	22	47	38	31	28	27	56	46	37	34	32
	0,20	7	6	5	4	4	13	11	9	8	8	20	16	13	12	12	26	21	17	16	15	33	27	22	20	19	39	32	26	23	23
	0,25	5	4	4	3	3	10	8	7	6	6	15	12	10	9	9	19	16	13	12	11	24	20	16	14	14	29	23	19	17	17
	0,30	4	3	3	3	3	8	6	5	5	4	11	9	8	8	7	15	12	10	10	9	18	15	12	12	11	22	18	15	15	13
	0,35	3	3	2	2	2	6	5	4	4	3	9	7	6	5	5	11	9	8	7	7	14	12	10	9	8	17	14	11	11	10
	0,40	3	2	2	2	2	5	4	3	3	3	7	6	5	4	4	9	7	6	6	5	12	9	8	7	7	13	11	9	8	8
	0,45	2	2	2	1	1	4	3	3	2	2	6	5	4	3	3	7	6	5	4	4	9	7	6	5	5	11	9	7	7	6
	0,50	2	2	1	1	1	3	3	2	2	2	5	4	3	3	3	6	5	4	4	3	7	6	5	4	4	9	7	6	5	5
	0,55	1	1	1	1	1	2	2	2	1	1	3	3	2	2	2	4	4	3	3	3	5	4	4	3	3	6	5	4	4	4
	0,60	1	1	1	1	1	2	2	1	1	1	3	2	2	2	2	3	3	2	2	2	4	3	3	2	2	4	4	3	3	3
600 daN	0,10	13	11	9	8	8	25	21	17	15	15	38	31	25	23	22	50	41	34	30	29	63	51	42	38	36	75	61	50	45	43
	0,15	8	7	6	5	5	16	13	11	10	9	24	19	16	14	14	31	26	21	19	18	39	32	26	23	23	47	38	31	28	27
	0,20	6	5	4	4	4	11	9	8	7	7	17	14	11	10	10	22	18	15	13	13	27	22	18	16	16	33	27	22	20	19
	0,25	4	4	3	3	3	8	7	6	5	5	12	10	8	7	7	16	13	11	10	9	20	16	13	12	12	24	20	16	14	14
	0,30	3	3	2	2	2	6	5	4	4	4	9	8	6	6	6	12	10	8	8	7	15	13	10	10	9	18	15	12	12	11
	0,35	3	2	2	2	2	5	4	3	3	3	8	6	5	4	4	10	8	7	6	6	12	10	8	7	7	14	12	10	9	9
	0,40	2	2	2	2	2	4	3	3	3	3	6	5	4	4	4	8	6	5	5	5	9	8	6	6	6	11	9	8	7	7
	0,45	2	2	1	1	1	3	3	2	2	2	5	4	3	3	3	6	5	4	4	4	7	6	5	5	4	9	7	6	5	5
	0,50	1	1	1	1	1	3	2	2	2	2	4	3	3	3	3	5	4	4	3	3	6	5	4	4	4	7	6	5	4	4
	0,55	1	1	1	1	1	2	2	2	1	1	3	2	2	2	2	4	3	3	2	2	5	4	3	3	3	5	4	4	3	3
	0,60	1	1	1	1	1	2	2	1	1	1	3	2	2	2	1	3	2	2	2	2	3	3	3	2	2	4	3	3	3	3

Die Werte stellen einen Mittelwert der gemessenen statischen Reibung (Neigungsprüfung), multipliziert mit 0,925 dar.

Berechnung Niederzurren (Tabelle) 6.1

Tabelle 6.1: Ermittlung der Zurrmittel-Anzahl bei 1 t bis 6 t (Forts.)

Vorspann-kraft S_{TF}	Gewicht der Ladung Zurrwinkel (α)	1t					2t					3t					4t					5t					6t				
		35	45	60	75	90	35	45	60	75	90	35	45	60	75	90	35	45	60	75	90	35	45	60	75	90	35	45	60	75	90
	Reibbeiwert (μ)																														
750 daN	0,10	10	9	7	6	6	20	17	14	12	12	30	25	20	18	18	40	33	27	24	23	50	41	34	30	29	60	49	40	36	35
	0,15	7	6	5	4	4	13	11	9	8	8	19	16	13	12	11	25	21	17	15	15	31	26	21	19	18	38	31	25	23	22
	0,20	5	4	3	3	3	9	7	6	6	5	13	11	9	8	8	18	14	12	11	10	22	18	15	13	13	26	21	17	16	15
	0,25	4	3	3	2	2	7	6	5	4	4	10	8	7	6	6	13	11	9	8	8	16	13	11	10	8	20	16	13	12	13
	0,30	3	2	2	2	2	5	4	4	3	3	8	6	5	5	5	10	8	7	7	6	12	10	8	8	7	15	12	10	10	8
	0,35	2	2	2	2	2	4	3	3	3	3	6	5	4	4	4	8	6	5	5	5	10	8	7	6	6	11	9	8	7	7
	0,40	2	2	1	1	1	3	3	2	2	2	5	4	3	3	3	6	5	4	4	4	8	6	5	5	4	9	7	6	6	5
	0,45	2	1	1	1	1	3	2	2	2	2	4	3	2	2	2	5	4	3	3	3	6	5	4	4	3	7	6	5	4	4
	0,50	1	1	1	1	1	2	2	2	2	1	3	3	2	2	2	4	3	3	3	2	5	4	3	3	3	6	4	4	3	3
	0,55	1	1	1	1	1	2	2	2	1	1	2	2	2	2	1	3	3	2	2	2	4	3	3	2	2	4	3	3	3	2
	0,60	1	1	1	1	1	2	1	1	1	1	2	2	1	1	1	2	2	2	1	1	3	2	2	2	2	3	2	2	2	2
1000 daN	0,10	8	7	5	5	5	15	13	10	9	9	23	19	15	14	13	30	25	20	18	18	38	31	25	23	22	45	37	30	27	22
	0,15	5	4	4	3	3	10	8	7	6	6	14	12	10	9	8	19	16	13	12	11	24	19	16	14	14	28	23	19	17	14
	0,20	4	3	3	2	2	7	6	5	4	4	10	8	7	6	5	13	11	9	8	8	17	14	11	10	10	20	16	13	12	10
	0,25	3	2	2	2	2	5	4	4	3	3	8	6	5	5	5	10	8	7	6	6	12	10	8	7	7	15	12	10	9	7
	0,30	2	2	2	2	2	4	3	3	3	3	6	5	4	4	3	8	6	5	5	5	9	8	6	6	6	11	9	8	7	6
	0,35	2	2	1	1	1	3	3	2	2	2	5	4	3	3	2	6	5	4	4	4	7	6	5	5	4	9	7	6	5	4
	0,40	1	1	1	1	1	3	2	2	2	2	4	3	2	2	2	5	4	3	3	3	6	5	4	4	4	7	6	5	4	4
	0,45	1	1	1	1	1	2	2	2	2	1	3	2	2	2	2	4	3	3	2	2	5	4	3	3	3	6	5	4	3	3
	0,50	1	1	1	1	1	2	2	1	1	1	2	2	2	2	1	3	3	2	2	2	4	3	3	2	2	5	4	3	3	2
	0,55	1	1	1	1	1	2	1	1	1	1	2	2	1	1	1	2	2	2	2	1	3	2	2	2	2	4	3	2	2	2
	0,60	1	1	1	1	1	2	1	1	1	1	2	2	1	1	1	2	2	1	1	1	2	2	2	1	1	3	2	2	2	2

Die Werte stellen einen Mittelwert der gemessenen statischen Reibung (Neigungsprüfung), multipliziert mit 0,925 dar.

6.1 Berechnung Niederzurren (Tabelle)

Tabelle 6.2: Ermittlung der Zurrmittel-Anzahl bei 7t bis 12t

Vorspann-kraft S_{TF}	Reibbeiwert (μ)	Gewicht der Ladung																												
		7t					8t					9t					10t					11t					12t				
		Zurrwinkel (α)																												
		35	45	60	75	90	35	45	60	75	90	35	45	60	75	90	35	45	60	75	90	35	45	60	75	90	35	45	60	75	90
500 daN	0,50	9	8	6	6	6	11	9	7	7	6	12	10	8	7	7	13	11	9	8	8	15	12	10	9	8	16	13	11	10	9
500 daN	0,55	7	6	5	5	4	8	7	6	5	5	9	8	6	6	6	10	8	7	6	6	11	9	8	7	7	12	10	8	7	7
500 daN	0,60	5	5	4	3	3	6	5	4	4	4	7	6	5	4	4	8	6	5	5	5	8	7	6	5	5	9	7	6	6	5
750 daN	0,40	10	9	7	6	6	12	10	8	7	7	13	11	9	8	8	15	12	10	9	9	16	13	11	10	9	18	14	12	11	10
750 daN	0,45	8	7	6	5	5	9	8	6	6	6	10	9	7	6	6	12	9	8	7	7	13	10	9	8	7	14	11	9	8	8
750 daN	0,50	6	5	4	4	4	7	6	5	5	4	8	7	6	5	5	9	7	6	6	5	10	8	7	6	6	11	9	7	7	6
750 daN	0,55	5	4	4	3	3	6	5	4	4	3	6	5	4	4	4	7	6	5	5	4	8	6	5	5	5	8	7	6	5	5
750 daN	0,60	4	3	3	2	2	4	4	3	3	3	5	4	3	3	3	5	4	4	3	3	6	5	4	4	3	6	5	4	4	4
1000 daN	0,40	8	7	5	5	5	9	7	6	6	5	10	8	7	6	5	11	9	8	7	7	12	10	8	7	7	13	11	9	8	8
1000 daN	0,45	6	5	4	4	4	7	6	5	4	4	8	7	5	5	5	9	7	6	6	5	10	8	7	6	6	10	9	7	6	6
1000 daN	0,50	5	4	3	3	3	6	5	4	4	3	6	5	4	4	4	7	6	5	5	4	8	6	5	5	4	8	7	6	5	4
1000 daN	0,55	4	3	3	2	2	4	4	3	3	3	5	4	3	3	3	5	4	4	3	3	6	5	4	4	3	6	5	4	4	4
1000 daN	0,60	3	3	2	2	2	3	3	3	2	2	4	3	3	2	2	4	3	3	3	2	4	4	3	3	3	5	4	3	3	3

Die Werte stellen einen Mittelwert der gemessenen statischen Reibung (Neigungsprüfung), multipliziert mit 0,925 dar.

Berechnung Niederzurren (Tabelle) 6.1

Tabelle 6.3: Ermittlung der Zurrmittel-Anzahl bei 100 kg bis 900 kg

Vorspann-kraft $(S)_{TF}$	Gewicht der Ladung	100 kg				200 kg				300 kg				400 kg				500 kg				600 kg				700 kg				800 kg				900 kg			
	Zurrwinkel (α)	35	45	60	75	35	45	60	75	35	45	60	75	35	45	60	75	35	45	60	75	35	45	60	75	35	45	60	75	35	45	60	75	35	45	60	75
	Reibbeiwert (μ)																																				
250 daN	0,10	3	3	2	2	6	5	4	4	9	8	6	6	12	10	8	8	15	13	10	9	18	15	12	11	21	17	14	13	24	20	16	15	27	22	18	16
	0,15	2	2	2	2	4	4	3	3	6	5	4	4	8	7	5	5	10	8	7	6	12	10	8	7	13	11	9	8	15	13	10	9	17	14	12	10
	0,20	2	2	1	1	3	3	2	2	4	4	3	3	6	5	4	4	7	6	5	4	8	7	6	5	9	8	7	6	11	9	7	6	12	10	8	7
	0,25	1	1	1	1	2	2	2	2	3	3	2	2	4	4	3	2	5	4	3	3	6	5	4	3	7	6	5	4	8	7	5	4	9	7	6	5
	0,30	1	1	1	1	2	2	2	1	3	2	2	2	3	3	2	2	4	3	3	2	5	4	3	3	5	5	4	3	6	6	4	3	7	6	5	4
	0,35	1	1	1	1	2	2	1	1	2	2	2	1	3	2	2	1	3	3	2	2	4	3	3	2	5	4	3	2	6	5	3	3	6	5	4	3
	0,40	1	1	1	1	2	2	1	1	2	2	1	1	2	2	2	1	3	2	2	2	3	3	2	2	4	3	2	2	5	4	3	2	5	4	3	3
	0,45	1	1	1	1	2	2	1	1	2	2	1	1	2	2	2	1	3	2	2	1	3	2	2	2	3	3	2	2	4	3	3	2	4	4	3	2
	0,50	1	1	1	1	2	1	1	1	2	2	1	1	2	2	1	1	2	2	2	1	2	2	2	1	3	2	2	2	3	3	2	2	4	3	3	2
	0,55	1	1	1	1	1	1	1	1	2	1	1	1	2	2	1	1	2	2	2	1	2	2	1	1	2	2	2	1	3	2	2	2	3	3	2	2
	0,60	1	1	1	1	1	1	1	1	1	1	1	1	2	1	1	1	2	2	1	1	2	2	1	1	2	2	2	1	3	2	2	2	3	2	2	2
300 daN	0,10	3	3	2	2	5	5	4	3	8	7	5	5	10	9	7	6	13	11	9	8	15	13	10	9	18	15	12	11	20	17	14	12	23	19	15	14
	0,15	2	2	2	1	4	3	2	2	6	5	4	3	7	6	5	4	9	8	6	6	10	8	7	6	11	9	8	7	13	11	9	8	14	12	10	9
	0,20	2	1	1	1	3	2	2	1	4	3	3	2	5	4	3	3	6	5	4	4	7	6	5	4	8	7	5	5	9	7	6	6	10	8	7	6
	0,25	1	1	1	1	2	2	1	1	3	3	2	2	4	3	2	2	5	4	3	3	5	4	3	3	6	5	4	3	7	6	4	4	8	6	5	4
	0,30	1	1	1	1	2	1	1	1	2	2	1	1	3	2	2	2	4	3	2	2	4	3	3	2	5	4	3	2	6	4	4	3	6	5	4	3
	0,35	1	1	1	1	2	1	1	1	2	2	1	1	2	2	2	1	3	2	2	2	3	3	2	2	4	3	2	2	4	4	3	2	5	4	3	3
	0,40	1	1	1	1	1	1	1	1	2	1	1	1	2	2	1	1	2	2	2	1	3	2	2	2	3	3	2	2	4	3	2	2	4	3	3	2
	0,45	1	1	1	1	1	1	1	1	2	1	1	1	2	1	1	1	2	2	1	1	2	2	1	1	3	2	2	2	3	3	2	2	3	3	2	2
	0,50	1	1	1	1	1	1	1	1	1	1	1	1	2	1	1	1	2	1	1	1	2	2	1	1	2	2	2	1	3	2	2	2	3	2	2	2
	0,55	1	1	1	1	1	1	1	1	1	1	1	1	2	1	1	1	2	1	1	1	2	2	1	1	2	2	1	1	2	2	2	1	2	2	2	1
	0,60	1	1	1	1	1	1	1	1	1	1	1	1	1	1	1	1	2	1	1	1	2	1	1	1	2	2	1	1	2	2	1	1	2	2	1	1

Die Werte stellen einen Mittelwert der gemessenen statischen Reibung (Neigungsprüfung), multipliziert mit 0,925 dar.

6.2 Berechnung Niederzurren (Formel)

6.2 BERECHNUNG NIEDERZURREN MITTELS FORMEL

6.2.1 Berechnung Niederzurren in Fahrtrichtung mittels Formel

Ein neuer **Sicherheitsbeiwert f_s** soll die **Unsicherheit** bei der Verteilung der Zugkräfte beim **Niederzurrverfahren** abdecken.

- Für alle **horizontalen Richtungen**, ausgenommen bei Straßentransport in Vorwärtsrichtung, beträgt $f_s = 1{,}1$ (d.h. bei c_y zur Seite sowie c_x nach hinten).
- In **Vorwärtsrichtung** beträgt $f_s = 1{,}25$ (d.h. bei c_x).

$$F_T = \frac{(c_x - \mu \cdot c_z) \cdot F_G}{\mu \cdot \sin\alpha \cdot 2} \cdot f_s$$

Der frühere „k-Wert" wurde abgeschafft.

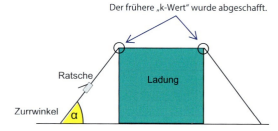

Bild 6.3: Zurrwinkel

Tabelle 6.4: Sinuswerte

Zurrwinkel α	sin α
90°	1,00
85°	0,99
80°	0,98
75°	0,96
70°	0,94
65°	0,90
60°	0,87
55°	0,82
50°	0,77
45°	0,71
40°	0,64
35°	0,57
30°	0,50

Berechnungsbeispiel Vorspannkraft

$c_x = 0{,}8$; $\mu = 0{,}45$; $c_z = 1{,}0$; $F_G = 4000$ daN; $f_s = 1{,}25$; $\alpha = 60°$

$\uparrow$ Reibbeiwert $\uparrow$ $\uparrow$ Sicherheitswert nach vorn $\uparrow$

$$F_T = \frac{(0{,}8 - 0{,}45 \cdot 1) \cdot 4000}{0{,}45 \cdot 0{,}87 \cdot 2} \cdot 1{,}25 \qquad F_T = \frac{0{,}35 \cdot 2000}{0{,}391} \cdot 1{,}25$$

$F_T = 0{,}895 \cdot 2000 \cdot 1{,}25 \qquad\qquad F_T = \mathbf{2237{,}85\ daN}$

Berechnung Niederzurren mit Blockierung 6.3

Berechnungsbeispiel Zurrmittel

$n = \dfrac{F_T}{S_{TF}}$ $S_{TF} = 300$ daN (normale Spannkraft) $n = \dfrac{2237{,}85 \text{ daN}}{300 \text{ daN}} = 7{,}46 =$ **8 Zurrmittel**

6.2.2 Berechnung Niederzurren quer zur Fahrtrichtung mittels Formel
Berechnungsbeispiel Vorspannkraft

$c_y = 0{,}5;$ $\mu = 0{,}45;$ $c_z = 1{,}0;$ $F_G = 4000$ daN; $f_s = 1{,}1;$ $\alpha = 60°$

↑ Reibbeiwert   ↑ Sicherheitswert zur Seite

$F_T = \dfrac{(c_y - \mu \cdot c_z)\, F_G}{\mu \cdot \sin \alpha \cdot 2} \cdot f_s$ $\quad$ $F_T = \dfrac{(0{,}5 - 0{,}45 \cdot 1) \cdot 4000}{0{,}45 \cdot 0{,}87 \cdot 2} \cdot 1{,}1$

$F_T = \dfrac{0{,}05 \cdot 4000}{0{,}391 \cdot 2} \cdot 1{,}1$ $\quad$ $F_T = \dfrac{200}{0{,}782} \cdot 1{,}1$

$F_T = 255{,}7 \cdot 1{,}1$ $\quad$ $F_T =$ **281,3 daN**

Berechnungsbeispiel Zurrmittel

$n = \dfrac{F_T}{S_{TF}}$ $S_{TF} = 300$ daN (normale Spannkraft) $n = \dfrac{281{,}3 \text{ daN}}{300 \text{ daN}} = 0{,}93 =$ **1 Zurrmittel**

6.3 BERECHNUNG NIEDERZURREN MIT BLOCKIERUNG MITTELS FORMEL

6.3.1 Berechnung Niederzurren mit Blockierung in Fahrtrichtung mittels Formel
Berechnungsbeispiel Vorspannkraft

$c_x = 0{,}8;$ $\mu = 0{,}30;$ $c_z = 1{,}0;$ $F_G = 12000$ daN; $f_s = 1{,}25;$ $\alpha = 60°;$
$BC = 5000$ daN

$F_T = \dfrac{(c_x - \mu \cdot c_z)\,(F_G - BC)}{\mu \cdot \sin \alpha \cdot 2} \cdot f_s$ $\quad$ $F_T = \dfrac{(0{,}8 - 0{,}30 \cdot 1)\,(12000 - 5000)}{0{,}30 \cdot 0{,}87 \cdot 2} \cdot 1{,}25$

6.3 Berechnung Niederzurren mit Blockierung

$F_T = \dfrac{0,5 \cdot (12000 - 5000)}{0,261 \cdot 2} \cdot 1,25$ $\qquad F_T = \dfrac{0,5 \cdot 7000}{0,522} \cdot 1,25$

$F_T = \dfrac{3500}{0,522} \cdot 1,25 \qquad F_T = 6704,98 \cdot 1,25 \qquad F_T = \mathbf{8381,23\ daN}$

Berechnungsbeispiel Zurrmittel

$n = \dfrac{F_T}{S_{TF}} \quad S_{TF} = 300\ \text{daN}$ (normale Spannkraft) $\qquad n = \dfrac{8381,23\ \text{daN}}{300\ \text{daN}} = 27,94 = \mathbf{28\ Zurrmittel}$

Beachten Sie bitte die Berechnung „quer zur Fahrtrichtung".

6.3.2 Berechnung Niederzurren mit Blockierung in Fahrtrichtung, jedoch quer, mittels Formel

Berechnungsbeispiel Vorspannkraft

$c_y = 0,5; \quad \mu = 0,30; \quad c_z = 1,0; \quad F_G = 12000\ \text{daN}; \quad f_s = 1,1; \quad \alpha = 60°$

$F_T = \dfrac{(c_y - \mu \cdot c_z)\ F_G}{\mu \cdot \sin \alpha \cdot 2} \cdot f_s \qquad F_T = \dfrac{(0,50 - 0,30 \cdot 1)12000}{0,30 \cdot 0,87 \cdot 2} \cdot 1,1$

$F_T = \dfrac{0,20 \cdot 12000}{0,261 \cdot 2} \cdot 1,1 \qquad F_T = \dfrac{2400}{0,522} \cdot 1,1$

$F_T = 4597,70 \cdot 1,1 \qquad\qquad F_T = \mathbf{5057,47\ daN}$

Berechnungsbeispiel Zurrmittel

$n = \dfrac{F_T}{S_{TF}} \quad S_{TF} = 300\ \text{daN}$ (normale Spannkraft) $\qquad n = \dfrac{5057,47\ \text{daN}}{300\ \text{daN}} = 16,86 = \mathbf{17\ Zurrmittel}$

Anmerkung: Wenn rechnerisch n < 2 sein sollte, ist sicherzustellen, dass ein unzulässiges Verdrehen der Ladung verhindert wird. Dies kann man z.B. durch Formschluss oder durch den Einsatz von mindestens zwei Zurrmitteln erreichen.

Der typische Spruch „Ein Zurrgurt ist kein Zurrgurt" stimmt so nicht.

Berechnung Diagonalzurren (Tabelle) 6.4

6.4 BERECHNUNG DER SICHERUNGSKRAFT BEIM DIAGONALZURREN ANHAND EINER TABELLE

Tabelle 6.5: Diagonalzurren

Gewicht der Ladung	4 Zurrmittel mit einer zulässigen Zugkraft im direkten Strang von je (daN)					
	Reibbeiwert (μ)					
(in kg)	$\mu = 0{,}1$	$\mu = 0{,}15$	$\mu = 0{,}2$	$\mu = 0{,}25$	$\mu = 0{,}3$	$\mu = 0{,}35$
35 000	65100	48700	40200	33100	27000	21700
30 000	55800	41700	34500	28400	23100	18600
25 000	46500	34800	28700	23600	19300	15500
20 000	37200	27800	22300	18900	15400	12400
15 000	27900	20900	17300	14200	11600	9300
14 000	26100	19500	16100	13300	10800	8700
13 000	24200	18100	15000	12300	10100	8100
12 000	22300	16700	13800	11400	9300	7500
11 000	20500	15300	12700	10400	8500	6900
10 000	18600	13900	11500	9500	7700	6200
9300	17300	13000	10700	8800	7200	5800
8500	15800	11900	9800	8100	6600	5300
8000	14900	11200	9200	7600	6200	5000
7500	14000	10500	8650	7100	5800	4700
7000	13100	9800	8100	6700	5400	4400
6500	12100	9100	7500	6200	5100	4100
6000	11200	8400	6900	5700	4700	3800
5500	10300	7700	6400	5200	4300	3500
5000	9300	7000	5800	4800	3900	3100
4500	8400	6300	5200	4300	3500	2800
4000	7500	5600	4600	3800	3100	2500
3750	7000	5300	4350	3550	2900	2400
3250	6100	4600	3300	3100	2600	2100
2750	5200	3900	3200	2600	2200	1750
2500	4700	3500	2900	2400	2000	1550
2000	3800	2800	2300	1900	1600	1250
1500	2800	2100	1750	1450	1200	950
1000	1900	1400	1150	950	800	650

6.4 Berechnung Diagonalzurren (Tabelle)

Gewicht der Ladung	4 Zurrmittel mit einer zulässigen Zugkraft im direkten Strang von je (daN)					
	Reibbeiwert (µ)					
(in kg)	µ = 0,4	µ = 0,45	µ = 0,5	µ = 0,55	Werkstoffe mit Nachweis µ = 0,6	µ = 0,6 f_μ = 1,0 Gummi
35 000	17100	14500	12600	10800	9300	4700
30 000	14700	12500	10800	9300	8000	4000
25 000	12300	10400	9000	7800	6600	3400
20 000	9800	8300	7200	6200	5300	2700
15 000	7400	6300	5400	4700	4000	2000
14 000	6900	5800	5100	4400	3700	1900
13 000	6400	5400	4700	4100	3500	1800
12 000	5900	5000	4300	3700	3200	1600
11 000	5400	4600	4000	3400	3000	1500
10 000	4900	4200	3600	3100	2700	1400
9300	4600	3900	3400	2900	2500	1300
8500	4151	3600	3100	2700	2300	1200
8000	4000	3400	2900	2500	2200	1100
7500	3700	3200	2700	2400	2000	1000
7000	3500	3000	2600	2200	1900	950
6500	3200	2700	2400	2100	1800	900
6000	3000	2500	2200	1900	1600	800
5500	2700	2300	2000	1700	1500	750
5000	2500	2100	1800	1600	1400	700
4500	2200	1900	1700	1400	1200	600
4000	2000	1700	1500	1300	1100	550
3750	1900	1600	1400	1200	1000	500
3250	1600	1400	1200	1050	900	450
2750	1400	1200	1000	850	750	400
2500	1300	1050	900	800	700	350
2000	1000	850	750	650	550	300
1500	800	650	550	500	400	200
1000	500	450	300	350	300	150

Folgende Winkelbereiche wurden berücksichtigt: der Vertikalwinkel α von 20° bis 65° und der Horizontalwinkel β von 6° bis 55°.

Berechnung Diagonalzurren (Formel) 6.5

6.5 BERECHNUNG DER SICHERUNGSKRAFT BEIM DIAGONALZURREN MITTELS FORMEL

Ein Umrechnungsfaktor $f_\mu = 0{,}75$ wurde eingeführt.

Wenn Sie die dynamische Reibung „μ_D" aus alten Tabellen einsetzen wollen, müssen Sie diesen alten µ-Wert gemäß Anhang B der neuen EN 12 195-1 durch 0,925 dividieren.

Der daraus erhaltene **Reibbeiwert** µ muss dann beim **Direktzurrsystem** mit $f_\mu = 0{,}75$ multipliziert werden.

Verwenden Sie gemäß Anhang B.2 Reibbeiwerte, Tabelle B.1, beim Direktzurren eine „Gummimatte"? Dann dürfen Sie nach dieser EN 12 195-1 $f_\mu = 1{,}0$ einsetzen.

Tabelle 6.6: Sinus- und Cosinuswerte

Zurrwinkel	sin	cos	Zurrwinkel	sin	cos
45°	0,71	0,71	90°	1,00	0,00
40°	0,64	0,77	85°	0,99	0,08
35°	0,57	0,82	80°	0,98	0,17
30°	0,50	0,87	75°	0,96	0,26
25°	0,42	0,90	70°	0,94	0,34
20°	0,34	0,94	65°	0,90	0,42
15°	0,26	0,96	60°	0,87	0,50
10°	0,17	0,98	55°	0,82	0,57
5°	0,08	0,99	50°	0,77	0,64

6.5 Berechnung Diagonalzurren (Formel)

Beispielrechnung für Zurrmittel in Fahrtrichtung:

$F_G = 4000$ daN $\boldsymbol{\mu = 0{,}2}$ $\alpha = 60°$ $\beta = 20°$ $f_\mu = 0{,}75$
$c_x = 0{,}8$ $c_z = 1$ n (Anzahl Zurrmittel) = 2

$$F_R = \frac{(c_x - \mu \cdot f_\mu \cdot c_z)}{(f_\mu \cdot \mu \cdot \sin\alpha + \cos\alpha \cdot \cos\beta)} \cdot \frac{F_G}{n}$$

$$F_R = \frac{(0{,}8 - 0{,}2 \cdot 0{,}75 \cdot 1)}{(0{,}75 \cdot 0{,}2 \cdot 0{,}87 + 0{,}50 \cdot 0{,}94)} \cdot \frac{4000}{2} \;\rightarrow\; F_R = \frac{0{,}65}{(0{,}1305 + 0{,}47)} \cdot 2000$$

$$F_R = \frac{0{,}65}{0{,}60} \cdot 2000 \;\rightarrow\; F_R = 1{,}083 \cdot 2000 \;\rightarrow\; F_R = \mathbf{2166{,}66\ daN}$$

Jedes Zurrmittel muss in Fahrtrichtung mindestens eine Zugkraft LC von **2166,66 daN** besitzen.

Beispielrechnung für Zurrmittel entgegen der Fahrtrichtung:

$F_G = 4000$ daN $\boldsymbol{\mu = 0{,}2}$ $\alpha = 60°$ $\beta = 20°$ $f_\mu = 0{,}75$
$c_x = 0{,}5$ $c_z = 1$ n (Anzahl Zurrmittel) = 2

$$F_R = \frac{(c_x - \mu \cdot f_\mu \cdot c_z)}{(f_\mu \cdot \mu \cdot \sin\alpha + \cos\alpha \cdot \cos\beta)} \cdot \frac{F_G}{n}$$

$$F_R = \frac{(0{,}5 - 0{,}2 \cdot 0{,}75 \cdot 1)}{(0{,}75 \cdot 0{,}2 \cdot 0{,}87 + 0{,}50 \cdot 0{,}94)} \cdot \frac{4000}{2} \;\rightarrow\; F_R = \frac{0{,}35}{(0{,}1305 + 0{,}47)} \cdot 2000$$

$$F_R = \frac{0{,}35}{0{,}60} \cdot 2000 \;\rightarrow\; F_R = 0{,}583 \cdot 2000 \;\rightarrow\; F_R = \mathbf{1166{,}66\ daN}$$

Jedes Zurrmittel muss entgegen der Fahrtrichtung mindestens eine Zugkraft LC von **1166,66 daN** besitzen.

Berechnung Sicherungskraft Schrägzurren 6.6

Beispielrechnung für Zurrmittel quer zur Fahrtrichtung:

$F_G = 4000$ daN   **$\mu = 0{,}2$** $\alpha = 60°$ $\beta = 20°$ $f_\mu = 0{,}75$
$c_y = 0{,}5$ $c_z = 1$ n (Anzahl Zurrmittel) = 2

$$F_R = \frac{(c_y - \mu \cdot f_\mu \cdot c_z)}{(f_\mu \cdot \mu \cdot \sin\alpha + \cos\alpha \cdot \sin\beta)} \cdot \frac{F_G}{n}$$

$$F_R = \frac{(0{,}5 - 0{,}2 \cdot 0{,}75 \cdot 1)}{(0{,}75 \cdot 0{,}2 \cdot 0{,}87 + 0{,}50 \cdot 0{,}34)} \cdot \frac{4000}{2} \rightarrow F_R = \frac{0{,}35}{(0{,}1305 + 0{,}17)} \cdot 2000$$

$$F_R = \frac{0{,}35}{0{,}30} \cdot 2000 \rightarrow F_R = 1{,}1666 \cdot 2000$$

$F_R =$ **2333,2 daN**

Jedes Zurrmittel muss <u>quer zur Fahrtrichtung</u> mindestens eine Zugkraft LC von **2333,2 daN** besitzen.

Vorsicht

Diese Berechnung wurde mit dem **Reibbeiwert μ** von höchstens **0,2** durchgeführt. Das wäre das Berechnungsbeispiel, wenn die Berührungsflächen nicht besenrein sowie nicht frei von Frost, Eis und Schnee sind.

Das Gleiche trifft auch beim Einsatz von rutschhemmenden Matten zu.

6.6 BERECHNUNG DER SICHERUNGSKRAFT BEIM SCHRÄGZURREN

Formel für Schrägzurren in Längsrichtung (**$c_x = 0{,}8$**)

$$F_R = \frac{(c_x - \mu \cdot f_\mu \cdot c_z) F_G}{(\cos\alpha + \mu \cdot f_\mu \cdot \sin\alpha)\, 2}$$

Formel für Schrägzurren in Querrichtung (**$c_y = 0{,}5$**)

$$F_R = \frac{(c_y - \mu \cdot f_\mu \cdot c_z) F_G}{(\cos\alpha + \mu \cdot f_\mu \cdot \sin\alpha)\, 2}$$

6.7 Berechnung Sicherungskraft bei Formschluss

6.7 BERECHNUNG DER SICHERUNGSKRAFT BEI FORMSCHLUSS

Formel für Formschluss in Längsrichtung ($c_x = 0{,}8$)

$c_x = 0{,}8$ $\mu = 0{,}2$ $F_B = 5000$ daN $c_z = 1$

$$F_G = \frac{F_B}{(c_x - \mu \cdot c_z)} \qquad F_G = \frac{5000}{(0{,}8 - 0{,}2 \cdot 1)} \qquad F_G = 8333{,}33 \text{ daN}$$

Formel für Formschluss in Querrichtung ($c_y = 0{,}5$)

$c_y = 0{,}5$ $\mu = 0{,}2$ $F_B = 5000$ daN $c_z = 1$

$$F_G = \frac{F_B}{(c_y - \mu \cdot c_z)} \qquad F_G = \frac{5000}{(0{,}5 - 0{,}2 \cdot 1)} \qquad F_G = 16666{,}66 \text{ daN}$$

6.8 FORMSCHLUSS-BERECHNUNGEN

Formschluss (bei gleichmäßiger Belastung) nach DIN EN 12 195-1:2011
- gerechnet mit Beschleunigungsbeiwert $c_x = 0{,}8$ und $c_y = 0{,}5$
- μ = Reibbeiwert
- vertikale Bewegungen der Ladeeinheiten erfordern ggf. zusätzliche Sicherungsmaßnahmen
- Beachten Sie bei der Beladung die maximale Zuladung und die zulässige Lastverteilung.
- Die Ladeeinheiten sind für den möglichen Druck im Anlagebereich an den Formschluss ausgelegt.

Formschluss-Berechnungen 6.8

Tabelle 6.7: Maximales Ladeeinheitengewicht bei Formschluss

Blockier-kraft des Form-schlusses	Stirnwand Code „L" Maximales Gewicht der Ladeeinheit/en					
	bei µ = 0,2		bei µ = 0,4		bei µ = 0,6	
	0,8	0,5	0,8	0,5	0,8	0,5
50 daN	80 kg	160 kg	120 kg	500 kg	250 kg	*
100 daN	160 kg	330 kg	250 kg	1000 kg	500 kg	*
150 daN	250 kg	500 kg	370 kg	1500 kg	750 kg	*
200 daN	330 kg	660 kg	500 kg	2000 kg	1000 kg	*
250 daN	410 kg	830 kg	620 kg	2500 kg	1250 kg	*
300 daN	500 kg	1000 kg	750 kg	3000 kg	1500 kg	*
350 daN	580 kg	1160 kg	870 kg	3500 kg	1750 kg	*
400 daN	660 kg	1330 kg	1000 kg	4000 kg	2000 kg	*
450 daN	750 kg	1500 kg	1120 kg	4500 kg	2250 kg	*
500 daN	830 kg	1660 kg	1250 kg	5000 kg	2500 kg	*
550 daN	910 kg	1830 kg	1370 kg	5500 kg	2750 kg	*
600 daN	1000 kg	2000 kg	1500 kg	6000 kg	3000 kg	*
650 daN	1080 kg	2160 kg	1620 kg	6500 kg	3250 kg	*
750 daN	1250 kg	2500 kg	1870 kg	7500 kg	3750 kg	*
800 daN	1330 kg	2660 kg	2000 kg	8000 kg	4000 kg	*
900 daN	1500 kg	3000 kg	2250 kg	9000 kg	4500 kg	*
1000 daN	1660 kg	3330 kg	2500 kg	10000 kg	5000 kg	*
1250 daN	2080 kg	4160 kg	3120 kg	12500 kg	6250 kg	*
1500 daN	2500 kg	5000 kg	3750 kg	15000 kg	7500 kg	*
1750 daN	2910 kg	5830 kg	4370 kg	17500 kg	8750 kg	*
2000 daN	3330 kg	6660 kg	5000 kg	20000 kg	10000 kg	*
3000 daN	5000 kg	10000 kg	7500 kg	30000 kg	15000 kg	*
4000 daN	6660 kg	13330 kg	10000 kg	40000 kg	20000 kg	*
5000 daN	8330 kg	16660 kg	12500 kg	50000 kg	25000 kg	*

* Das maximale Ladeeinheitengewicht steht im direkten Zusammenhang zur maximalen Zuladung und der zulässigen Lastverteilung des Fahrzeugs. Der Beschleunigungsbeiwert ist kleiner als der Reibbeiwert µ.

6.9 Fürs Gedächtnis

6.9 FÜRS GEDÄCHTNIS

✔ Die aufzubringende **Vorspannkraft beim Niederzurren** beträgt bei Druckratschen meist ca. 300 daN.

✔ Beim **Diagonalzurren die zulässige Zugkraft** der Zurrmittel beachten!

✔ Bei **Verwendung von rutschhemmenden Unterlagen** kann der Reibbeiwert µ **erhöht** und so die Anzahl der Zurrmittel verringert werden. (Ladefläche sollte besenrein und schnee-/eisfrei sein.)

✔ Durch Diagonalzurren lassen sich **schwere Ladegüter** einfacher sichern als durch Niederzurren.

✔ Weniger Zurrmittel – geringerer Aufwand – geringere Kosten.

6.10 KONTROLLFRAGEN

1. Sie müssen niederzurren. Ermitteln Sie anhand der Tabelle auf Seite 127 ff. die notwendige Anzahl an Zurrmitteln einer freistehenden, standsicheren Ladung.

   Folgende Werte sind Ihnen bekannt:
   Gewicht der Ladung: 6000 kg
   Zurrwinkel α: 90°
   Reibbeiwert: µ = 0,6
   Zurrmittel Wert S_{TF}:   300 daN

   Antwort:
   ❏ A   14 Zurrmittel
   ❏ B   10 Zurrmittel
   ❏ C   8 Zurrmittel
   ❏ D   5 Zurrmittel

2. Sie müssen niederzurren. Ermitteln Sie nochmals die Anzahl an Zurrmitteln einer freistehenden, standsicheren Ladung.

   Folgende Werte sind Ihnen bekannt:
   Gewicht der Ladung: 12000 kg
   Zurrwinkel α: 60°
   Reibbeiwert: µ = 0,6
   Zurrmittel Wert S_{TF}:   500 daN

Kontrollfragen 6.10

Antwort:

- ❏ A 12 Zurrmittel
- ❏ B 14 Zurrmittel
- ❏ C 6 Zurrmittel
- ❏ D 10 Zurrmittel

3. Sie müssen diagonalzurren. Ermitteln Sie aus der Tabelle auf Seite 135 f. das durch vier Zurrmittel zurückgehaltene Maximalgewicht einer freistehenden Ladung.

   Folgende Werte sind Ihnen bekannt:
   Zurrwinkel α und β: im vorgegebenen Bereich
   Reibbeiwert: $\mu = 0{,}4$
   Zurrmittel Wert LC: 2500 daN
   Zurrpunktfestigkeit: 2000 daN

   Antwort:

   - ❏ A 4000 kg
   - ❏ B 5000 kg
   - ❏ C 6000 kg
   - ❏ D 7500 kg

4. Diagonalzurren. Sie erhalten die Weisung, eine Ladung von 3000 kg auf einen Lkw zu verladen und zu sichern. Lastverteilungsplan und Geometrie der Ladung lassen keine formschlüssige Verladung zu. Die Ladung ist freistehend an vier vorhandenen Zurrpunkten zu verzurren.

   Folgende Werte sind Ihnen bekannt:
   Zurrwinkel α und β: im vorgegebenen Bereich
   Gewicht der Ladung: 3000 kg
   Reibbeiwert: $\mu = 0{,}3$
   Zurrmittel Wert LC: 2500 daN
   Zurrpunktfestigkeit: 1000 daN
   Antirutschmatten (ARM):   ausreichend vorhanden

6.10 Kontrollfragen

Lässt sich die Ladung den Vorschriften entsprechend sichern?

- ❏ A Nein, die Ladung ist zu schwer.
- ❏ B Nein, die Zurrpunkte können die einzuleitenden Kräfte nicht aufnehmen.
- ❏ C Ja, die Last könnte sogar 5000 kg schwer sein.
- ❏ D Ja, durch den Einsatz von ARM erhöhe ich den Reibbeiwert auf 0,6. Die Last könnte dann sogar 7500 kg schwer sein.

5. **Kombinationszurren. Sie kommen mit Ihrem Lkw an eine Ladestelle, an der Sie eine Kiste von 8000 kg aufnehmen sollen. Eine formschlüssige Verladung ist nicht möglich. Sie stellen fest, dass Sie zur Ladungssicherung noch drei gebrauchsfähige Zurrgurte, zwei leere Europaletten sowie Antirutschmatten zur Verfügung haben. Können Sie die Ladung aufnehmen?**

Folgende Werte sind Ihnen bekannt:

Zurrwinkel α und β:	im vorgegebenen Bereich
Gewicht der Ladung:	8000 kg
Reibbeiwert:	$\mu = 0,3$
Zurrmittel Wert LC:	2500 daN
Zurrpunktfestigkeit:	2000 daN
Antirutschmatten (ARM):	ausreichend vorhanden

- ❏ A Nein, ich benötige mindestens vier Zurrmittel.
- ❏ B Nein, die Last dürfte höchstens ein Gewicht von 5000 kg haben.
- ❏ C Ja, der Lkw kann die Last ohne Probleme aufnehmen.
- ❏ D Ja, mit den zwei Europaletten bilde ich mit zwei Gurten ein Kopflasching. Den dritten Gurt setze ich ein, um die auf ARM gestellte Ladung zu fixieren.

Kantenschoner 7.1

7 WEITERE HILFSMITTEL ZUR LADUNGSSICHERUNG

Mittlerweile gibt es eine Menge zusätzlicher Hilfsmittel zur Ladungssicherung. Sie sollten möglichst am Fahrzeug mitgeführt werden. Einige Beispiele:

7.1 KANTENSCHONER

Bild 7.1: Eine Auswahl an Kantenschonern für Zurrgurte

Bilder 7.2a und b: Kantenschutzwinkel für palettierte Ladung. Dieses Beispiel hat eine Länge von 120 cm. Der orangefarbene Winkel hat eine Schenkelbreite von 19 × 19 cm, der schwarze von 19 × 13 cm.

7.1 Kantenschoner

Bild 7.3: Flexible Kantenschutzplatten mit rutschhemmenden Eigenschaften am Ladegut. Der Zurrgurt gleitet über die orangefarbene Kunststoffplatte.

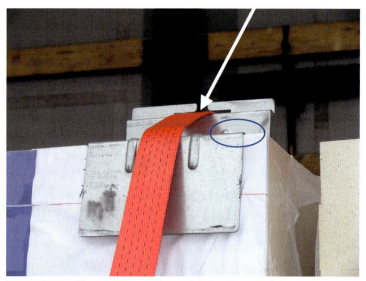

Bild 7.4: Metallener Kantenschutzwinkel mit zusätzlich erhöhter Auflagefläche für den Zurrgurt. So wirkt der Anpressdruck nicht so stark auf die Kante des Ladegutes.

Kantenschoner 7.1

Bild 7.5: Flexibler Kunststoff-Kantenschutz, um den Zurrgurt zu schützen. Holzkanten können sehr scharfkantig sein.

Bild 7.6: Flexibler Papp-Kantenschutz, um die palettierte Sackware oder auch andere Weichverpackungen wie FIBC vor Beschädigungen durch Niederzurren zu schützen.

7.1 Kantenschoner

Bild 7.7: Kantenschoner für Zurrdrahtseile (Quelle: Carl Stahl)

Bild 7.8: Stahl-Kantenschutzwinkel für Ketten. Wichtig ist, dass das Kettenglied nicht auf dem Winkel aufliegt, da es sonst beschädigt wird und das zum Bruch des Kettengliedes führen kann.

Bild 7.9: Kantenschoner für Papiertransport. Die Auflagefläche ist mit Gummi beklebt. So bekommt der Kantenschutz besseren Halt.

Bild 7.10: Kantenschoner für Zurrketten (Quelle: Carl Stahl)

7.2 RUNDSCHLINGEN UND KOPFBÄNDER

Bilder 7.11a und b: Anschlagmittel können sehr gut eingesetzt werden, um z.B. ein Kopflasching durchzuführen.

Hinweis: Verwendung von Anschlagmitteln als Zurrmittel
Werden Anschlagmittel (z.B. Rundschlingen, Hebebänder, Schäkel, Anschlagketten) zeitweise als Zurrmittel (z.B. als Kopfschlinge) verwendet, ist sicherzustellen, dass sie dafür geeignet sind. Anschlagmittel sind mit einer Tragfähigkeit (Working Load Limit, WLL) gekennzeichnet. Es kann nicht ausgeschlossen werden, dass Zurrmittel anschließend wieder als Anschlagmittel eingesetzt werden. Daher ist sicherzustellen, dass Anschlagmittel bei der Verwendung als Zurrmittel nur maximal mit der gekennzeichneten WLL belastet werden. Die WLL ist dem LC-Wert gleichzusetzen.

Soll das Anschlagmittel dann wieder zum Heben eingesetzt werden, ist es grundsätzlich auf augenfällige Mängel hin zu kontrollieren.

7.2 Rundschlingen, Kopfbänder

Bild 7.12: 2 Kopfbänder, eingesetzt als Kopflasching, zum Sichern eines Gabelstaplers.

Bild 7.13: Kopfbänder, eingesetzt als Kopflasching, zum Sichern von Oktabins.

7.3 HOLZ

Bild 7.14: Wenn Kanthölzer untergelegt werden sollen, sind rechteckige dafür am besten geeignet. Sollte die Ladung ins Rutschen kommen, besteht nicht die Gefahr, dass sie rollen.

Bild 7.15: Rundhölzer sind nicht geeignet.

7.3 Holz

Bild 7.16: 3 Paletten senkrecht gestellt, um ein Kopflasching durchzuführen, halten die Ladung zurück. Es ist darauf zu achten, dass die Paletten in der Mitte zusätzlich mit einer Palette zusammengehalten werden.

Bild 7.17: Sind die Kräfte der Ladung, die gegen die Palette drücken, zu groß für ein Kopflasching, kann die Palette mit einem stabilen Kantholz (8 × 8 cm) unterstützt werden.

7.4 NETZE UND PLANEN

Bild 7.18: Zurrgurtnetz für Lkw

Bild 7.19: Mit einem Zurrgurtnetz gesicherte Ladung

Bild 7.20: Ladungssicherungsplane mit Liftsystem, z.B. zur Sicherung von Oktabins

7.5 Zwischenwandverbindungen

7.5 ZWISCHENWANDVERBINDUNGEN

Bild 7.21: Zwischenwandverschlüsse halten nur begrenzt die Ladung zurück! Hier wurde der Zwischenwandverschluss bestimmungsgemäß auf den Seitenklappen eingesetzt. Die Ladung drückt flächig nach hinten dagegen und steht auf rutschhemmenden Unterlagen. Sie ist somit nach hinten gut gesichert.

Bild 7.22: Hier wurde der Zwischenwandverschluss auf ein Einsteckbrett gesetzt, was jedoch keinen Sinn macht, da das Einsteckbrett zu schwach ist, der Belastung standzuhalten. Der Spanner wurde aus dem Aluminiumbrett gerissen. Hier kann man nicht von „Ladungssicherung" sprechen.

Zwischenwandverbindungen 7.5

Bild 7.23: Sehr häufig finden Klemmbalken bei festen Aufbauten Verwendung. Aber Vorsicht ist geboten! Durch Verwindung des Aufbaus können sich die Klemmbalken wieder lösen. Auch sollten die Herstellerangaben unbedingt beachtet werden. (Quelle: allsafe GmbH)

Bild 7.24: Dieser Klemmbalken hält aufgrund der Beschädigungen die Ladung wohl kaum zurück.

7.5 Zwischenwandverbindungen

Bild 7.25: Klemmbalken mit seitlichen Bügeln sowie einfache Klemmbalken, um Ladungsteile zurückzuhalten. Die Herstellerangaben sollten unbedingt beachtet werden. Klemmstangen halten nur begrenzt die Ladung zurück.

7.6 SCHIENEN

Bild 7.26: Ankerschienen zur Aufnahme von Rundsperrbalken

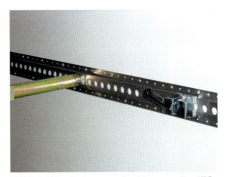

Bild 7.27: Ankerwandschiene mit JFS-Beschlägen, z.B. zur Sicherung von Rollbehältern

Bild 7.28: Rundsperrbalken mit Spannvorrichtung. Die Zapfen werden in einer Lochschiene verankert.

7.6 Schienen

Bild 7.29: Genügend Schienensysteme in einem Kofferaufbau, um Ladung mit Querstangen zu sichern

Bilder 7.30a und b: Rollensystem mit Absenkung und Zurrpunkten im Fahrzeugkofferaufbau. Jolodaschienen mit Lochschiene zur Aufnahme von Keilen, Hemmschuhen oder Rückhaltebalken.

7.7 RUTSCHHEMMENDE UNTERLAGEN

Bild 7.31: Rutschhemmende Unterlage

Bild 7.32: Rutschhemmende Unterlagen sind in der Ladungssicherung nicht mehr wegzudenken. Hier wurde das Gummigranulat direkt aufgetragen.

Marotech   Kraiburg   BSW

Bild 7.33: Hersteller versehen ihre rutschhemmenden Unterlagen mit Farbpigmenten. So kann man sie dem jeweiligen Hersteller zuordnen.

7.7 Rutschhemmende Unterlagen

Bilder 7.34a und b: Eine kleine Auswahl von rutschhemmenden Unterlagen

Bild 7.35: So sollten rutschhemmende Unterlagen nicht aussehen. Sie sind zu dünn für diese Stahlteile.

Bild 7.36: So sollten rutschhemmenden Unterlagen nicht aussehen: eingerissen und porös.

Rutschhemmende Unterlagen 7.7

Aussage zu rutschhemmenden Unterlagen
VDI 2700 Blatt 15 – der richtige Weg

Die VDI 2700 Blatt 15 beschreibt u. a. den Anwendungsbereich, die Druck- und Zugbelastung, Handhabung sowie Ablegereife der rutschhemmenden Unterlagen. Bei rutschhemmenden Unterlagen darf der Mindest-Reibbeiwert (Sicherheitsbeiwert) von $\mu = 0{,}4$ nicht unterschritten werden. Bei Messungen gemäß VDI 2700 Blatt 14 hat sich ergeben, dass üblicherweise ein anzunehmender Reibbeiwert von $\mu = 0{,}6$ bei rutschhemmenden Unterlagen unter normalen Einsatzbedingungen angesetzt werden kann. Höhere Reibbeiwerte sind häufig nur unter optimalen Bedingungen anzutreffen und werden selten erreicht. So z.B in der kalten Jahreszeit bei Frost, Eis und Schnee. Aber auch bei Verschmutzungen zwischen der Ladung und der Ladefläche.

Fordern Sie notfalls als Nutzer vom Hersteller der Matten ein Zertifikat an, damit Sie die Einsatzmöglichkeit genau nachlesen können. Hüten Sie sich vor Fälschungen, davon gibt es mittlerweile viele auf dem Markt.

EN 12 195-1 – der absolut falsche Weg

Was sagt die EN 12 195-1 zu rutschhemmenden Matten aus?

Rutschhemmende Matte	Gummi	$0{,}6$ [b]
	Anderer Werkstoff	Wie bescheinigt [c]

[a] Oberfläche trocken oder nass sowie rein, frei von Öl, Eis, Schmierfett.
[b] Verwendbar mit $f_\mu = 1{,}0$ bei Direktzurren.
[c] Werden besondere Werkstoffe für eine erhöhte Reibung, wie z.B. rutschhemmende Matten, angewendet, ist eine Bescheinigung für den Reibbeiwert µ erforderlich.

Die alleinige Angabe „**Gummi**" ist völlig unverständlich, denn so kann der Anwender auf *alte Förderbänder, Autoreifen, Fußmatten* aus Gummi usw. zurückgreifen, die dann auch noch einen Reibbeiwert $\mu = 0{,}6$ haben sollen. Diese sind jedoch völlig ungeeignet und *sollten auf keinen Fall benutzt werden.*

Es scheint so, dass die Verantwortlichen im EN-Ausschuss ein sehr hohes Sicherheitsdefizit haben, wenn sie eine solche Formulierung zulassen. Betrachtet man einmal alte Förderbänder, so sind diese meist porös und ausgehärtet. Je nach vorheriger Nutzung sind sie auf einer Seite sehr glatt und auf der anderen Seite vielleicht stark rau. Eine Rutschhemmung ist hier garantiert nicht mehr zu erwarten.

7.8 RUNGEN

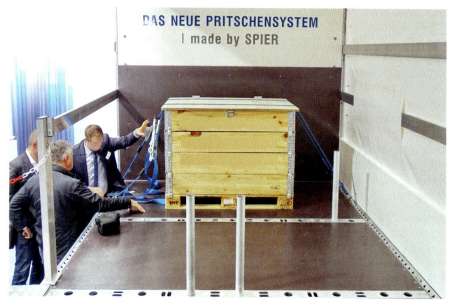

Bild 7.37: Steckrungensysteme, wie hier auf einem 7,5 t-Fahrzeug, erleichtern die Ladungssicherung, da damit der Formschluss ausgenutzt werden kann.

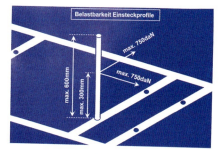

Bild 7.39: Die Belastbarkeit der Einsteckprofile kann mit diesem Hinweisschild nachgewiesen werden.

Bild 7.38: Hier ist der Mangel offensichtlich. So darf eine Runge nicht mehr benutzt werden.

7.9 UMREIFUNGEN

Bild 7.40a und b: Einsatz von Umreifungsbändern, um z.B. bei Pflastersteinen eine Ladeeinheit zu bilden. Der maximale Kippwinkel liegt bei 42,7° und würde $\mu = 0{,}85$ entsprechen.

Bild 7.41: Einsatz von Stretch-/Wickelfolie bei gestapelten Kartons ist zum Bilden einer Ladeeinheit gut geeignet.

Bild 7.42: Einsatz von Schrumpffolie, um bei nicht brennbarem Gefahrgut (UN 1463) eine Ladeeinheit zu bilden. Beim Schrumpfen ist jedoch eine Gefährdungsbeurteilung zu erstellen und der Feuererlaubnisschein muss vorliegen.

7.10 Staupolster

7.10 STAUPOLSTER

Bild 7.43: Staupolster aus Kunststoff oder Pappe haben sich mittlerweile durchgesetzt, weil sie leicht anwendbar sind.

Bild 7.44: Hier sind die Staupolster mit dem Fahrzeug verbunden.

Bilder 7.45a und b: Luft-Staupolster zum Ausfüllen von Zwischenräumen (Quelle: SpanSet)

Fürs Gedächtnis 7.11

7.11 FÜRS GEDÄCHTNIS

- ✔ **Ladungssicherungshilfsmittel** erleichtern das Sichern.
- ✔ **Kantenschoner schützen** Zurrmittel und Ladegut.
- ✔ **Zwischenwandverbindungen** halten **nur begrenzt** die Ladung zurück.
- ✔ Rundschlingen und Kopfbänder für **Kopflasching** einsetzen.
- ✔ **Netze und Planen** sind für viele Ladegüter geeignet.
- ✔ **Schienensysteme** in Kofferaufbauten sind für die Sicherung gut geeignet.
- ✔ Bei guten **rutschhemmenden Unterlagen** kann von $\mu = 0{,}6$ ausgegangen werden.
- ✔ Mit **Staupolstern** lassen sich **Ladelücken** ausfüllen.
- ✔ Das Bilden von **Ladeeinheiten** kann die Ladungssicherung erheblich vereinfachen.

7.12 Kontrollfragen

7.12 KONTROLLFRAGEN

1. **Welche Aufgabe haben Kantenschoner?**
   - ❏ A Sie schützen die Ladefläche vor Beschädigungen.
   - ❏ B Sie schützen den Zurrgurt vor Beschädigungen.
   - ❏ C Sie ermöglichen das schnelle Lösen des Zurrmittels nach dem Transport.
   - ❏ D Sie bewirken die volle Übertragung der in den Gurt eingeleiteten Kräfte.

2. **Wodurch lassen sich u. a. Ladelücken auf der Ladefläche schließen oder vermeiden?**
   - ❏ A Durch das Herstellen von Formschluss
   - ❏ B Durch den Einsatz von Zurrnetzen
   - ❏ C Durch eine erhöhte Anzahl von Folienwicklungen
   - ❏ D Durch Einsatz von rutschhemmenden Unterlagen

3. **Wo sind die Ablegekriterien für rutschhemmendes Material beschrieben?**
   - ❏ A in der VDI 2700 Blatt 14
   - ❏ B in der VDI 2700 Blatt 15
   - ❏ C auf dem Etikett der Antirutschmatte
   - ❏ D Es gibt keine Ablegekriterien.

Hilfen zur Sicherung spezieller Ladegüter 8.1

8 BEISPIELE

8.1 HILFEN ZUR SICHERUNG SPEZIELLER LADEGÜTER

8.1.1 Langgut

Umspannung des Ladegutes, auch Buchtlasching genannt

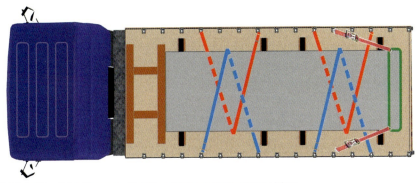

Bild 8.1: Kombination von Kopflasching und Buchtlasching

1. Die Ladung (Langmaterial), z. B. Rohre, Rundstäbe, Stahlprofile usw., kann z. B. durch Umspannen und sollte nach Möglichkeit immer mit Formschluss nach vorn und hinten gesichert werden.
2. Der Formschluss nach vorn zur Stirnwand und nach hinten zur Heckklappe sollte durch Zwischenlegen von Paletten oder Kanthölzern erreicht werden. Diese sind dann ebenfalls zu sichern.
3. Ist der Formschluss nicht durchführbar, besteht die Möglichkeit, Kopfbuchten (auch Kopflasching genannt, → *Themenbereich 7.2* „Rundschlingen und Kopfbänder") einzusetzen.
4. Beim Beladen des Fahrzeugs ist auf die richtige Lastverteilung und die vorhandenen Zurrpunkte zu achten.
5. Beurteilung und Festlegung des µ-Wertes. Alternativ sind nach Möglichkeit Antirutschmatten zu verwenden.
6. Als Unterlage bei Langmaterial sind rechteckige Kanthölzer zu verwenden.
7. Es müssen zum Umspannen geeignete Zurrmittel je nach Gewicht der Ladung eingesetzt werden. Auf den LC-Wert der Zurrmittel ist zu achten!
8. Die Zurrmittel werden nur handfest gespannt, so dass sie nicht durchhängen bzw. durchschlagen. Es ist darauf zu achten, dass die Spannrolle der Gurtratsche nicht zu viel loses Gurtband aufwickelt.
9. Ermittlung des α- und des β-Winkels mit einem Winkelmessgerät.

8.1 Hilfen zur Sicherung spezieller Ladegüter

Bilder 8.2a bis c: Die beiden Stahlwellen wiegen zusammen 15 t. Durch einfaches Niederzurren sollte die Ladung gesichert werden. Der Formschluss zur Stirnwand und zueinander fehlt. Die Zurrgurte sind zudem ablegereif. Rutschhemmende Unterlagen fehlen. So ist die Ladung nicht gesichert. (Bilder: H. Hellmers)

Hilfen zur Sicherung spezieller Ladegüter 8.1

Möglichkeit der Sicherung von Stahlwellen

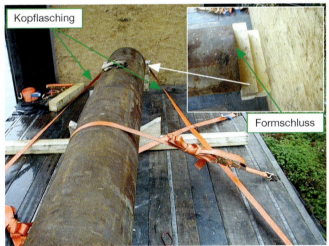

Bilder 8.3a und b: Die Wellen wurden durch Buchtlasching zur Seite und Kopflasching nach vorn gesichert. Der Formschluss durch Kanthölzer nach vorn reicht allein nicht aus. Die Stirnwand würde nur punktuell belastet. Die Kanthölzer verhindern das Abrutschen des Zurrgurtes beim Kopflasching nach unten. Rutschhemmende Unterlagen zwischen Welle und Holzbohlen mit Keilen sowie Ladefläche und Bohlen sind notwendig. (Bilder: H. Hellmers)

8.1 Hilfen zur Sicherung spezieller Ladegüter

Bild 8.4: Im hinteren Bereich des Fahrzeugs wurden weitere Ladegüter geladen, so dass auch die Lastverteilung eingehalten wurde. So gesichert stellt der Transport für den Kraftfahrer und andere Verkehrsteilnehmer keine Gefahr dar.

Langholztransport und Transport von Langholzabschnitten

Das Problem bei Langholz- und Langholzabschnitttransporten besteht darin, dass Stämme immer wieder ungesichert in oberer Lage liegen. Reibbeiwerte werden falsch eingeschätzt, in einigen Fällen kann man nachlesen, dass Holz nass oder trocken, geschält oder ungeschält einen hohen µ-Wert hat. Die Holzart sowie die Holzrinde sind sicherlich mit entscheidend, betrachtet man z. B. die Eichenrinde (grobporig) gegenüber der Buchenrinde (feinporig). Bei Nässe bildet sich oftmals eine glatte Schicht auf der Rinde, so dass der µ-Wert lange nicht so gut ist wie im trockenen Zustand. Ähnliches ist auch bei anderen Holzsorten zu beobachten. Das genaue Ladungsgewicht ist oftmals nicht bekannt. Wer aus der Holzbranche kommt, kennt dies nur zu gut.

Bezüglich richtiger Sicherung wurden viele Fahrversuche von entsprechenden Vereinen und Verbänden durchgeführt. Checklisten, die zuvor zu beachten waren, wurden jedoch wieder verworfen. Dynamische Fahrversuche wur-

Hilfen zur Sicherung spezieller Ladegüter 8.1

den vom TÜV Nord, der Berufsgenossenschaft für Transport und Verkehrswirtschaft (BG Verkehr), dem Königsberger Ladungssicherungskreis (KLSK) und dem Gesamtverband Deutscher Versicherer (GDV) durchgeführt. Der GDV hat auf seiner Internetseite hierzu eine Verladeempfehlung mit Lösungsvorschlägen eingestellt, wie Fahrzeuge auszurüsten sind (http:// www.tis-gdv.de/tis/ls/holzversuche/inhalte.htm). In der VDI 2700 ist einiges darüber ausgesagt, wie die Ladungssicherung bei Holztransporten durchzuführen ist.

Der ordnungsgemäße Zustand, der richtige Einsatz sowie die Leistungsdaten der Zurrmittel sind entscheidend. Zurrmittel sollten ausreichend zur Verfügung stehen. Mit solchen Zurrmitteln kann man Vorspannkräfte von über 750 daN erreichen. Hohe Vorspannkräfte erreicht man z. B. bei Zurrgurten nur mit Langhebelratschen. Es muss auch darauf geachtet werden, dass **genügend Vorspannung** auch **auf der gegenüberliegenden Seite des Spannmittels** beim Sichern mit Zurrmitteln aufgebracht wird. Die eingesetzten Kraftfahrer müssen in die Ladungssicherung gut eingewiesen sein und beim Beladen der Fahrzeuge darauf achten, dass möglichst keine Lücken in den oberen Holzlagen entstehen, so dass die Holzstämme nicht herausrutschen können.

Bild 8.5: Diese Ladungssicherung zeigt in der oberen Lage freiliegende Holzstämme (Pfeil).

Bild 8.6: Bei schlechter Ladungssicherung können die Baumstämme ungehindert nach vorne rutschen.

8.1 Hilfen zur Sicherung spezieller Ladegüter

Bild 8.7: Der Zurrgurt zeigt hier erste Alterserscheinungen. Auch wurde die Forderung, eine Langhebelratsche einzusetzen, nicht eingehalten. Somit ist dieser Transport **nicht sicher**.

Bild 8.8: Die Lastverteilung wurde hier nicht beachtet. Statt einer Zahnleiste wurde ein Kantholz mit Gummi eingesetzt. Deutlich ist die Beschädigung am Zurrgurt zu erkennen, somit ist er ablegereif.

Hilfen zur Sicherung spezieller Ladegüter 8.1

Bild 8.9: Langholz so zu transportieren ist für den Kraftfahrer und andere Verkehrsteilnehmer lebensgefährlich. Mit nur einem Zurrgurt sind die Baumstämme auf einem Rungenfahrzeug niedergezurrt!

Bild 8.10: Kurzholz wurde zumindest im oberen Bereich formschlüssig geladen. Zwei Zurrgurte, die mit einer Luftdruckzurrwinde gespannt wurden. Das sieht recht gut aus ...

Bild 8.11: ... Doch wenn anstatt der Stämme der Ladekran niedergezurrt wird, können die oberen Stämme rutschen.

8.1 Hilfen zur Sicherung spezieller Ladegüter

Bilder 8.12a und b: Ob der Kraftfahrer weiß, warum er vorn eine Stirnwand hat? Ladungssicherung von Kurzholz wäre auch hier nicht schwierig gewesen.

Bild 8.13: Solche Netze können zwar stabil genug sein, doch befestigt man die Zurrgurte so am Netz, würde es bei einer Vollbremsung an diesen Stellen zerreißen und völlig nutzlos werden. Zudem wurde der obere gelbe Zurrgurt in den Zurrhaken des anderen Zurrgurtes eingehängt. Das ist nicht zulässig. (Bild: Stephan Nolte)

Hilfen zur Sicherung spezieller Ladegüter 8.1

Bild 8.14: Niederzurren von Langmaterial (Schnittholz) auf einem Rungenfahrzeug. Die linke Runge ist nicht weit genug ausgezogen. Aufgrund der Ladelücken werden die Holzstapel durch das Niederzurren zusammengedrückt. Einzelne Holzbalken liegen somit lose. Das ist keine geeignete Ladungssicherung.

Bild 8.15: Das Niederzurren von Langmaterial (Schnittholz) auf einem Rungenfahrzeug mit Stirnwand lässt sich leicht durchführen.

8.1 Hilfen zur Sicherung spezieller Ladegüter

8.1.2 Flächiges Transportgut
Stahlmatten

Bild 8.16: Auch wenn 14 Zurrgurte eingesetzt wurden, ist dieser Stahltransport ungesichert unterwegs. Die oberen Stahlkörbe wurden niedergezurrt, diese Methode ist hier jedoch nicht angebracht. Die Stahlmatten liegen auf Rundstahl und nach vorn ist kein Formschluss gegeben. Somit ist diese Ladung nicht ausreichend gesichert.

Bild 8.17: Eine gute Möglichkeit, Stahlmatten zu sichern.

Hilfen zur Sicherung spezieller Ladegüter 8.1

Bilder 8.18a und b: Fahrzeughersteller bieten mit ihren Aufbauten ebenfalls Möglichkeiten an, Stahlmatten sicher zu transportieren. (Bilder: F. Rex)

Stahlplatten

1. Stahlplatten lassen sich so, wie in Bild 8.19 dargestellt, aufgrund des flachen Winkels nicht niederzurren.
2. Unter die Stahlplatten müssen Rechteckhölzer gelegt werden.
3. Auf richtige Lastverteilung ist zu achten.
4. Die Sicherungsmethode aus Bild 8.1 Langmaterial (Buchtlasching) sollte eingesetzt werden.
5. Der Einsatz von Antirutschmatten ist zu empfehlen.
6. Nach hinten sind die Stahlplatten ebenfalls zu sichern (→ *auch Bild 8.20*).

8.1 Hilfen zur Sicherung spezieller Ladegüter

Bild 8.19: Sicherung nach hinten

Bild 8.20: Stahlplatten im Rungensystem formschlüssig geladen, mit Ketten niedergezurrt und nach hinten mit Kopflasching versehen. So ist die Ladung ausreichend gesichert.

Hilfen zur Sicherung spezieller Ladegüter 8.1

8.1.3 Güter in Rollenform

Kabeltrommeln

1. Die Kabeltrommeln stehen so in einem Holzgestell, dass sie den Fahrzeugboden nicht berühren. Dadurch wird die Standfestigkeit der Kabeltrommeln erhöht.
2. Das Gestell hat nach vorn zur Stirnwand Formschluss *(siehe roter Balken, Bild 8.21),* zu den Seiten ist es mit Holzkeilen gesichert.
3. Die Kabeltrommeln werden durch Niederzurren gesichert, unter den Spanngurten liegen Hölzer, damit das Kabel nicht beschädigt wird.
4. Zwischen Kabeltrommel und Gestell sollten zusätzlich Antirutschmatten gelegt werden.
5. Entsprechend dem Gewicht und der Schwerpunktlage der Kabeltrommeln sind nach vorn eventuell noch Kopfbuchten, auch Kopflasching genannt, zu setzen *(→ Themenbereich 7.2, Rundschlingen und Kopfbänder).*

Bild 8.21: Formschluss nach vorn

179

8.1 Hilfen zur Sicherung spezieller Ladegüter

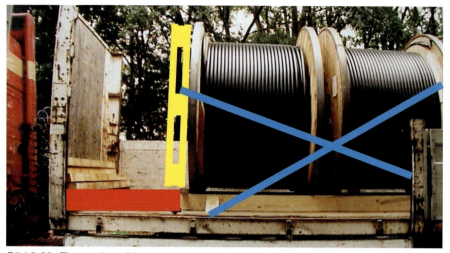

Bild 8.22: Eine weitere Möglichkeit, Kabeltrommeln zu sichern

Bilder 8.23a bis d: Kabeltrommeln können auf verschiedene Art gesichert werden, ob durch Kopflaschung, Niederzurren, Diagonalzurren oder Kombination dieser unterschiedlichen Methoden.

Hilfen zur Sicherung spezieller Ladegüter 8.1

Stahlcoils

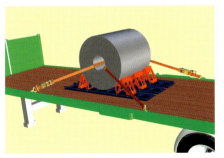
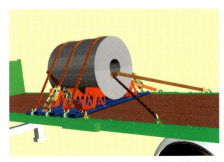

Bilder 8.24a und b: Stahlcoils können durch Kopflashing, Niederzurren oder Kombination dieser Methoden gesichert werden.

Bild 8.25: Transport von Stahlcoils auf Holzgestellen. Die Ladungssicherung wurde durch Niederzurren und Kopflashing durchgeführt. (Bild: T. Arendt)

8.1 Hilfen zur Sicherung spezieller Ladegüter

Rohre, Wellen

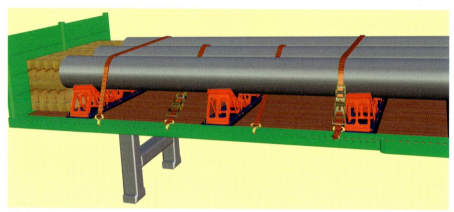

Bild 8.26: Eine Möglichkeit, Rohre und Wellen liegend zu sichern. Formschluss nach vorn und Niederzurren.

Papierrollen, Papier auf Paletten und Altpapierballen

Die VDI 2700 Blatt 9 ist im April 2006 vom Verein Deutscher Ingenieure verabschiedet worden und somit verbindlich. Da es beim Unterlegen rutschhemmender Materialien beim Transport von stehenden Papierrollen gelegentlich bei Kontrollen zu unterschiedlichen Aussagen kommt, hier eine Zusammenfassung. Vom Hersteller solcher RHM muss ein Nachweis erbracht werden, dass diese mindestens einen Reibbeiwert von 0,6 erreichen. Je nach Standfläche der Papierrollen sind 2 Antirutschmatten pro Papierrolle einzusetzen. Die Breite der Matte sollte mindestens 150 mm betragen und die Länge je nach Durchmesser angepasst sein. Sie sollte seitlich in Fahrtrichtung noch ca. 10 mm sichtbar zur Rollenaußenseite untergelegt sein (→ *Bild 8.27*). Bei der letzten Papierrolle muss zusätzlich auch nach hinten gegen ein Verrutschen gesichert werden, z. B. durch Formschluss. Es besteht auch die Möglichkeit, RHM unterzulegen, denn sollte die Papierrolle durch Anfahren, z. B. am Hang, leicht nach hinten kippen, steht sie immer noch auf der RHM, was durch die seitliche RHM nicht immer gegeben ist.

Leider wurde der Transport von Altpapierballen in der VDI 2700 Blatt 9 nicht berücksichtigt. Die Häufigkeit dieser Transporte ist jedoch fast genauso groß. Auf den Bildern 8.28 und 8.29 ist sehr gut zu sehen, mit welch gravierenden Mängeln in der Ladungssicherung die Transporte teilweise durchgeführt werden. Altpapierballen müssen besser gesichert werden.

Hilfen zur Sicherung spezieller Ladegüter 8.1

Bild 8.27: Papierrolle mit Antirutschmatten

Bild 8.28: Altpapierballen auf einem offenem Fahrzeug ohne ausreichende Sicherung zu transportieren ist unverantwortlich.

8.1 Hilfen zur Sicherung spezieller Ladegüter

Bild 8.29: Kein Formschluss nach vorn

Bild 8.30: Hier wurde mit 500 daN vorgespannt. Das Papier war ungeschützt und wurde zusammengedrückt.

Hilfen zur Sicherung spezieller Ladegüter 8.1

8.1.4 Sackware und Big Bags

1. **Verladung von Sackware auf Palette - Sicherung mit Kantenschutz LaSi-Pappe „$\mu = 0{,}45$"**

- Der Laderaumboden muss grundsätzlich unbeschädigt, ölfrei, trocken (eine Restnässe ohne stehendes Wasser ist erlaubt), frei von Eis und besenrein sein.

- **Ladungssicherung ohne Antirutschmatten (ARM)** ergab einen Reibbeiwert von $\mu = 0{,}45$.

- Je nach **Sattelplattenbelastung** sind die mit Schrumpf-/Wickelfolie versehenen palettierten Säcke formschlüssig an die Stirnwand zu stellen und je Stellplatz mit Zurrgurten sowie LaSi-PAPP und zwei Kopflashings mit LaSi-K-PAPP senkrecht in Fahrtrichtung und unter **Einhaltung eines Zurrwinkels von ca. 25°–35°** mit einem Zurrgurt gem. Zeichnung zu sichern.

- Zum Abschluss des mit Säcken beladenen Fahrzeugs ist LaSi-K-PAPP senkrecht, quer zur Ladefläche und unter Einhaltung eines Zurrwinkels von ca. 25°–35° mit einem Zurrgurt gemäß Zeichnung zu sichern. Diese Form der Sicherung ist aufgrund der Rückhaltekräfte der Zurrpunkte und bei entsprechend dimensionierten Zurrgurten ausreichend.

- Aufgrund von Fahrversuchen ist jede Stellreihe mit LaSi-Pappe als Kantenschoner zu sichern. Ein Aufplatzen bzw. Zerreißen der palettierten Säcke ist nicht gegeben.

- Beim Niederzurren mit LaSi-Pappe sind Vorspannkräfte je Zurrgurt von 300 daN erforderlich

Bild 8.31

8.1 Hilfen zur Sicherung spezieller Ladegüter

2. **Verladung von Sackware auf Palette - Sicherung mit Kantenschutz LaSi-Pappe „µ = 0,45"**
- Der Laderaumboden muss grundsätzlich unbeschädigt, ölfrei, trocken (eine Restnässe ohne stehendes Wasser ist erlaubt), frei von Eis und besenrein sein.
- **Ladungssicherung ohne Antirutschmatten (ARM)** ergab einen Reibbeiwert von µ = 0,45.
- Je nach **Sattelplattenbelastung** sind einzelne, zu zweit oder zu dritt hintereinander stehende mit Schrumpf-/Wickelfolie versehene Paletten mit Säcken an die Stirnwand formschlüssig zu stellen und mit Zurrgurten je Stellplatz sowie LaSi-Pappe gem. Zeichnung zu sichern.
- Bevor die weiteren Paletten mit Säcken geladen werden, ist LaSi-K-PAPP senkrecht, quer zur Ladefläche, zweimal in Fahrtrichtung sowie einmal entgegen der Fahrtrichtung und unter **Einhaltung eines Zurrwinkels von ca. 25°–35°** mit einem Zurrgurt gemäß Zeichnung zu sichern. Diese Form der Sicherung ist aufgrund der Rückhaltekräfte der Zurrpunkte und bei entsprechend dimensionierten Zurrgurten ausreichend.
- Aufgrund von Fahrversuchen, ist jede Stellreihe mit LaSi-Pappe als Kantenschoner zu sichern. Ein Aufplatzen bzw. Zerreißen der palettierten Säcke ist nicht gegeben.
- Beim Niederzurren mit LaSi-Pappe sind Vorspannkräfte je Zurrgurt von 300 daN erforderlich.

Bild 8.32

3. **In Verbindung mit Fremdladung. Verladung von Säcken auf Palette – Sicherung mit Kantenschutz LaSi-Pappe „µ = 0,45"**
- Der Laderaumboden muss grundsätzlich unbeschädigt, ölfrei, trocken (eine Restnässe ohne stehendes Wasser ist erlaubt), frei von Eis und besenrein sein.

Hilfen zur Sicherung spezieller Ladegüter 8.1

- **Ladungssicherung ohne Antirutschmatten (ARM)** ergab einen Reibbeiwert von µ = 0,45.

- Je nach **Sattelplattenbelastung** (Ladungsgewicht der Fremdladung beachten) sind die mit Schrumpf-/Wickelfolie palettierten Säcke mit Zurrgurten je Stellplatz sowie stabiler LaSi-Pappe gem. Zeichnung zu sichern.

- Bevor die eigenen Paletten mit Säcken geladen werden, ist LaSi-K-PAPP senkrecht, quer zur Ladefläche in Fahrtrichtung sowie entgegen der Fahrtrichtung und unter **Einhaltung eines Zurrwinkels von ca. 25°–35°** mit einem Zurrgurt gemäß Zeichnung zu sichern. Diese Form der Sicherung ist aufgrund der Rückhaltekräfte der Zurrpunkte und bei entsprechend dimensionierten Zurrgurten ausreichend.

- Aufgrund von Fahrversuchen ist jede Stellreihe mit LaSi-Pappe als Kantenschoner zu sichern. Ein Aufplatzen bzw. Zerreißen der palettierten Säcke ist nicht gegeben.

- Beim Niederzurren mit LaSi-Pappe sind Vorspannkräfte je Zurrgurt von 300 daN erforderlich.

Bild 8.33

4. Verladung von Big Bags auf Palette – Sicherung mit Kantenschutz LaSi-Pappe „µ = 0,45"

- Der Laderaumboden muss grundsätzlich unbeschädigt, ölfrei, trocken (eine Restnässe ohne stehendes Wasser ist erlaubt), frei von Eis und besenrein sein.

- **Ladungssicherung ohne Antirutschmatten (ARM)** ergab einen Reibbeiwert von µ = 0,45.

8.1 Hilfen zur Sicherung spezieller Ladegüter

- Je nach **Sattelplattenbelastung** sind die mit Schrumpf-/Wickelfolie versehenen, mit rutschhemmender Pappe unterlegten palettierten Big Bags formschlüssig an die Stirnwand zu stellen und je Stellplatz mit Zurrgurten sowie LaSi-Pappe und zwei Kopflaschings mit LaSi-K-PAPP senkrecht in Fahrtrichtung und unter Einhaltung eines Zurrwinkels von ca. 25°–35° mit einem Zurrgurt gem. Zeichnung zu sichern.

- Zum Abschluss des mit Big Bags beladenen Fahrzeugs ist LaSi-K-PAPP senkrecht, quer zur Ladefläche und unter **Einhaltung eines Zurrwinkels von ca. 25°–35°** mit einem Zurrgurt gemäß Zeichnung zu sichern. Diese Form der Sicherung ist aufgrund der Rückhaltekräfte der Zurrpunkte und bei entsprechend dimensionierten Zurrgurten ausreichend.

- Aufgrund von Fahrversuchen ist jede Stellreihe mit LaSi-Pappe als Kantenschoner zu sichern. Ein Aufplatzen bzw. Zerreißen der palettierten Big Bags ist nicht gegeben.

- Beim Niederzurren mit LaSi-Pappe sind Vorspannkräfte je Zurrgurt von 300 daN erforderlich.

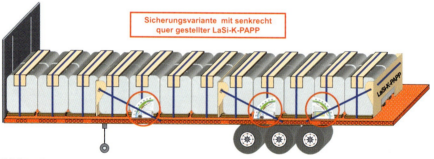

Bild 8.34

5. Verladung von Big Bags auf Palette – Sicherung mit Kantenschutz LaSi-Pappe „µ = 0,45"

- Der Laderaumboden muss grundsätzlich unbeschädigt, ölfrei, trocken (eine Restnässe ohne stehendes Wasser ist erlaubt), frei von Eis und besenrein sein.

- **Ladungssicherung ohne Antirutschmatten (ARM)** ergab einen Reibbeiwert von $\mu = 0{,}45$.

Hilfen zur Sicherung spezieller Ladegüter 8.1

- Je nach **Sattelplattenbelastung** sind einzelne, zu zweit oder zu dritt hintereinander stehende, mit Schrumpf-/Wickelfolie versehene Paletten mit Big Bags an die Stirnwand formschlüssig zu stellen und mit Zurrgurten je Stellplatz sowie LaSi-Pappe gem. Zeichnung zu sichern.

- Bevor die weiteren Paletten mit Big Bags geladen werden, ist LaSi-K-PAPP senkrecht, quer zur Ladefläche zweimal in Fahrtrichtung sowie einmal entgegen der Fahrtrichtung und unter **Einhaltung eines Zurrwinkels von ca. 25°–35°** mit einem Zurrgurt gemäß Zeichnung zu sichern. Diese Form der Sicherung ist aufgrund der Rückhaltekräfte der Zurrpunkte und bei entsprechend dimensionierten Zurrgurten ausreichend.

- Aufgrund von Fahrversuchen ist jede Stellreihe mit LaSi-Pappe als Kantenschoner zu sichern. Ein Aufplatzen bzw. Zerreißen der palettierten Big Bags ist nicht gegeben.

- Beim Niederzurren mit LaSi-Pappe sind Vorspannkräfte je Zurrgurt von 300 daN erforderlich.

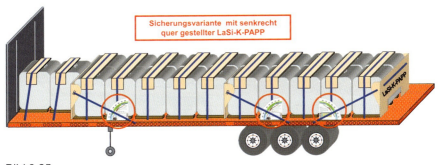

Bild 8.35

6. In Verbindung mit Fremdladung. Verladung von Big Bags auf Palette – Sicherung mit Kantenschutz LaSi-Pappe „µ = 0,45"

- Der Laderaumboden muss grundsätzlich unbeschädigt, ölfrei, trocken (eine Restnässe ohne stehendes Wasser ist erlaubt), frei von Eis und besenrein sein.

- **Ladungssicherung ohne Antirutschmatten (ARM)** ergab einen Reibbeiwert von µ = 0,45.

- Je nach **Sattelplattenbelastung** (Ladungsgewicht der Fremdladung beachten) sind die mit Schrumpf-/Wickelfolie versehenen, mit rutschhem-

8.1 Hilfen zur Sicherung spezieller Ladegüter

mender Pappe unterlegten palettierten Big Bags mit Zurrgurten je Stellplatz sowie stabiler LaSi-Pappe gem. Zeichnung zu sichern.

- Bevor die eigenen Paletten mit Big Bags geladen werden, ist LaSi-K-PAPP senkrecht, quer zur Ladefläche in Fahrtrichtung sowie entgegen der Fahrtrichtung und unter **Einhaltung eines Zurrwinkels von ca. 25°–35°** mit einem Zurrgurt gemäß Zeichnung zu sichern. Diese Form der Sicherung ist aufgrund der Rückhaltekräfte der Zurrpunkte und bei entsprechend dimensionierten Zurrgurten ausreichend.
- Aufgrund von Fahrversuchen ist jede Stellreihe mit LaSi-Pappe als Kantenschoner zu sichern. Ein Aufplatzen bzw. Zerreißen der palettierten Big Bags ist nicht gegeben.
- Beim Niederzurren mit LaSi-Pappe sind Vorspannkräfte je Zurrgurt von 300 daN erforderlich.

Bild 8.36

8.1.5 Einzelgüter

Schwertransport – Baumaschinen

1. Je nach Baumaschine, Gewicht und Zurrpunkten sind schwere Transportgüter zu sichern.
2. Bei unbekannten Geräten ist zusätzlich die Einweisung auf die vorhandenen Zurrpunkte erforderlich.
3. Gewicht und Schwerpunktlage der Geräte erfragen, um die Lastverteilung einzuhalten.

Hilfen zur Sicherung spezieller Ladegüter 8.1

Bild 8.37: Der Radlader steht mit den Rädern in den Radmulden des Tiefladers. Zusätzlich wurden Zurrketten zur Sicherung eingesetzt.

Bild 8.38: Dieser Tieflader hat keine Radmulden. Der Radlader lässt sich jedoch genauso gut darauf sichern.

8.1 Hilfen zur Sicherung spezieller Ladegüter

Zu den Bildern 8.39a–c

Ein Polizeibeamter, der am 02.02.2010 eine Kontrolle fuhr, traute seinen Augen nicht. So viel Dreistigkeit kommt nicht alle Tage vor. Kommentar des Beamten:
„Hallo, den habe ich heute morgen von der BAB 19 gefischt. Ein 22-t-Bagger vollkommen ungesichert hinten drauf!! Und das bei Schnee und Eisglätte."

Die Antwort des 29-jährigen Kraftfahrers während der Kontrolle:
„Ich weiß, was ich verkehrt gemacht habe. Für die Zurrketten hatte ich keine Zeit mehr. Bin doch nur das kurze Stück gefahren."

(Anmerkung des verblüfften Polizisten: Es waren „nur" ca. 20 km auf der BAB und 3 km Stadtverkehr.)

Kraftfahrer:
„Würden Sie sich bitte beeilen, ich muss noch einen zweiten Bagger holen!!!"

Was würde der Kraftfahrer sagen, wenn er privat unterwegs ist und plötzlich kommt ihm so ein Teil entgegengeflogen?

Bilder 8.39a bis c: Am Bagger und am Tieflader sind Zurrpunkte vorhanden, Ketten sind ebenfalls da, wurden jedoch nicht benutzt. Lediglich der Formschluss nach vorn hat den Bagger in Fahrtrichtung etwas „gesichert".

Hilfen zur Sicherung spezieller Ladegüter 8.1

Bilder 8.40a und b: Bagger lassen sich durchaus sichern, wie es diese beiden Bilder zeigen. Mit Zurrgurten, deren LC 10000 daN beträgt, ist ein Diagonalzurren ohne Weiteres möglich.

8.1 Hilfen zur Sicherung spezieller Ladegüter

Bilder 8.41a und b: Fahrzeug und Ladung dürfen zusammen nicht breiter als 2,55 m und nicht höher als 4 m sein. Ragt das äußerste Ende der Ladung mehr als 1 m über die Rückstrahler des Fahrzeugs nach hinten hinaus, so ist dies kenntlich zu machen (siehe hierzu StVO § 22).

Bild 8.42: Die Ladungssicherung mit Zurrketten im Diagonalzurrverfahren ist gerade bei schweren Baumaschinen sehr häufig anzutreffen. (Bild: RUD)

Bild 8.43: Die Ladungssicherung mit Zurrketten im Diagonalzurrverfahren ist auch seitlich möglich.

Hilfen zur Sicherung spezieller Ladegüter 8.1

Zubehör für Baumaschinen

Bild 8.44: Diese Baggerschaufel ist mit nur einer Zurrkette durch Niederzurren gesichert, die jedoch nicht vorgespannt wurde und somit lose durchhängt. Das ist keine Ladungssicherung.

8.1 Hilfen zur Sicherung spezieller Ladegüter

Spezielle Schwertransporte

Bilder 8.45a und b: Dieser Gastank ist nicht ausreichend gesichert. Zurrketten, die am Kettenglied stark abgewinkelt wurden, viel zu dünne (3 mm) rutschhemmende Unterlagen, die bei Beanspruchung zerreißen. Die Ladung ist zudem noch kippgefährdet. Hier muss mehr getan werden. Der Hersteller des Gastanks hat keine ordnungsgemäßen Anschlagpunkte angebracht.

Hilfen zur Sicherung spezieller Ladegüter 8.1

Bild 8.46: Auch an schweren verpackten Maschinen lassen sich Zurrpunkte für die Ladungssicherung anbringen.

Bild 8.47: Diese 200 t schwere Dampfturbine lässt sich mit etwas Überlegung genauso sichern. Unumgänglich sind Berechnungen zur Ladungssicherung. (Bild: RUD)

8.1 Hilfen zur Sicherung spezieller Ladegüter

Schwertransport – Beton, Kombination der Ladungssicherung

1. Dieses Betonklärbecken (Gewicht 24 t) wurde mit drei Zurrketten niedergezurrt. (→ *Bild 8.48*)
2. Zusätzliches Anbringen einer Diagonalzurrung nach vorn unterstützt die gesamte Ladungssicherung.
3. Durch kleine Steckrungen besteht Formschluss nach vorn.
4. Im Rahmen einer Ladungssicherungsschulung für Kraftfahrer wurde eine Vollbremsung mit einer Geschwindigkeit von 35 km/h durchgeführt. Die Ladung verrutschte, so gesichert, nicht.

Bild 8.48: Formschluss nach vorn und die Kombination aus Nieder- und Diagonalzurren

Bild 8.49: Diese Betonteile wurden mit 12 Zurrgurten durch Niederzurren und mit Hilfe von rutschhemmenden Unterlagen gesichert. Bei einer Ladung von 25 t, $\mu = 0{,}6$, $\alpha = 66°$ und einem Anpressdruck von $S_{TF} = 500$ daN ist die Ladung ausreichend gesichert. Seitlich wurden Steckrungen eingesetzt, die jedoch keinen Formschluss haben.

Hilfen zur Sicherung spezieller Ladegüter 8.1

Schwertransport – Stahl

Bild 8.50: Spezialsicherungssystem für Stahltransporte (Quelle: Dolezych)

8.1.6 Ladungssicherung von Stückgut

Der Transport von Stückgut ist oftmals nicht einfach. Das zu transportierende Ladegut kann sehr häufig nicht niedergezurrt werden, da die Verpackungen nicht stabil genug oder andere Sicherungsarten sehr aufwendig sind. Hier einige Vorschläge zur Sicherung solcher Ladungen:

1. Der Einsatz von Zurrnetzen oder Zurrplanen ist beim Transport von nicht niederzurrbaren Ladegütern zu empfehlen.
2. Klemmbretter, Klemmbalken und Einsteckbretttaschen für leichte Transportgüter können begrenzt eingesetzt werden.

8.1 Hilfen zur Sicherung spezieller Ladegüter

Bild 8.51: Hier ließe sich ein Zurrnetz gut einsetzen.

Bild 8.52: Sammelgut ist schwierig zu sichern. Bei dieser „schüttgutähnlichen" Ladung ließe sich ein Zurrnetz sehr gut einsetzen.

Bilder 8.53a und b: Zurrgurtnetz mit Liftsystem, um Stückgut zu sichern. Leider ist dieses in der Praxis noch nicht so verbreitet. (Quelle: Dolezych)

Bilder 8.54a und b: Möglichkeiten zum Sichern von Stückgut: Bei Wechselbrücken sind oft Zurrschienen oder Schlüssellochsysteme angebracht, um z.B. Netze einzusetzen. Das Netz ist zusätzlich am Drahtseil gegen Diebstahl gesichert.

Hilfen zur Sicherung spezieller Ladegüter 8.1

Bild 8.55: Die letzten schweren Ladegüter wurden auf rutschhemmendem Material (RHM) und durch Formschluss nach vorn sowie durch Niederzurren gesichert.

Bild 8.56: Trotz Ladelücken ist die Ladung in dieser Wechselbrücke gesichert. Die Fässer stehen auf Paletten und sind als Ladeeinheit gewickelt worden. Sie wurden formschlüssig längs und quer und unter Zuhilfenahme von RHM verladen. Wegen des niedrigen Schwerpunkts besteht keine Kippgefahr.

Bild 8.57: Mit Hilfe von Paletten und eines Klemmbretts auf den Seitenklappen lässt sich die Ladung nach hinten sichern. Nach vorn besteht Formschluss.

Bild 8.58: Ladeflächen müssen grundsätzlich vor der Beladung gereinigt werden. Besenrein, frei von Öl, Fett, aggressiven Flüssigkeiten, Schnee und Eis, frostfrei

8.1 Hilfen zur Sicherung spezieller Ladegüter

Bild 8.59: Dieser Säuretransport ist ohne Ladelücken und formschlüssig gesichert. Sogar der Gabelhubwagen ist mit einem Rundsperrbalken gesichert.

Bild 8.60: Der Transport von Gasflaschenpaletten erfolgt hier ohne Ladelücken und wurde formschlüssig nach vorn gesichert. (Quelle: Dolezych)

Bild 8.61: Sind Zurrpunkte an den Motoren vorhanden, können auch diese ohne Probleme gesichert werden.

Bild 8.62: Baggerschaufeln formschlüssig zur Stirnwand und mit zwei Zurrgurten als Kopflasche gesichert. Gute Lösung.

Bild 8.63: Palettierte Säcke wurden niedergezurrt. Als Kantenschutz und zum Schutz der Säcke dient hochfeste Pappe. Zusätzlich wurde mit Kopflasching gesichert.

Bild 8.64: Palettierte Säcke wurden unter Einsatz hochfester Pappe niedergezurrt. Zusätzliche Sicherung nach hinten mit Road Gard, das direkt an die Seitenklappen geklebt wird und leicht entfernbar ist.

Hilfen zur Sicherung spezieller Ladegüter 8.1

Bild 8.65: Verschiedenste Ladegüter lassen sich mit Road Gard sichern. In Kombination mit Niederzurren kann auf RHM verzichtet werden. (Quelle: Walnut Industries Europa BV)

Bild 8.66: Palettierte Big Bags wurden niedergezurrt. Als Kantenschutz und zum Schutz der Bags dient hochfeste Pappe.

Bild 8.67: Der Einsatz von Paletten ist beim Niederzurren eine Möglichkeit, einen flächigen Anpressdruck zu erreichen.

Bilden von Ladeeinheiten

Das korrekte Bilden von Ladeeinheiten ist immer wichtiger geworden. Die Sicherung der Ladung kann dann viel einfacher erledigt werden (siehe auch Bild 8.56 – dort ist zu erkennen, dass der Wechselbrückenaufbau stabil genug ist, um bei dieser Ladung nur mit Formschluss zu arbeiten).

8.1 Hilfen zur Sicherung spezieller Ladegüter

Bilder 8.68a und b: Das Herstellen einer Ladeeinheit, z. B. Kanister mit Wickelfolien oder Fässer gebändert auf Palette, ist allein keine Ladungssicherung. Es wirkt lediglich unterstützend.

Bild 8.69: Das Fass wurde gebändert und mit Folie zusätzlich geschrumpft.

Bilder 8.70a und b: Auch hier das Bilden von Ladeeinheiten, wobei Akkumulatoren mit der Palette verbunden wurden.

Hilfen zur Sicherung spezieller Ladegüter 8.1

8.1.7 Schüttgut

Schüttguttransporte sind in den meisten Fällen abzudecken.
Bei solchen Transporten lassen sich sehr gut Netze oder Planen einsetzen.

Bild 8.71: Die hoch herausragenden Bretter und Paletten müssen flach gelegt werden.

Bild 8.72: So darf lose Schüttung nicht transportiert werden. Der Einsatz von Schüttgutmulden ist notwendig.

Bild 8.73: Hier ist der Einsatz eines stabilen Netzes zum Abdecken der Ladung erforderlich.

Bild 8.74: So gesichertes Schüttgut stellt keine Gefahr für andere Verkehrsteilnehmer dar. (Quelle: Dolezych)

Bild 8.75: Schüttgutmulden können so auf Fahrzeugen gesichert werden.

205

8.2 Mängel bei der Ladungssicherung

Wie soll das alles mitgeführt werden?

Eine Lösung, um alle notwendigen Ladungssicherungsmaterialien mitzuführen, ist z. B. der zusätzliche Anbau eines Staukastens, in dem auch noch genügend Platz für die Gefahrgutausrüstung vorhanden ist. Durch einen solchen Staukasten wird dem kontrollierenden Polizisten gleich ein besserer Eindruck vermittelt.

Bild 8.76: Staukasten zum Mitführen der Ladungssicherungsmaterialien (Quelle: Spedition Bode)

8.2 MÄNGEL BEI DER LADUNGSSICHERUNG

Bei der praktischen Ausbildung stehen mehrere vorgeladene Fahrzeuge zur Verfügung. Der Lehrgangsteilnehmer soll erkennen, ob die Ladung ordnungsgemäß gesichert wurde. Ist das nicht der Fall, werden gemeinsam mit ihm Verbesserungsvorschläge erarbeitet.

Alternativ kann mit dem Lehrgangsteilnehmer die Ladungssicherung anhand von Unterrichtsfolien erarbeitet werden.

Mängel bei der Ladungssicherung 8.2

Beispiele:

Angesichts der folgenden Bilder sollte jedem Lehrgangsteilnehmer klar sein, dass diese Ladungen **nicht richtig** gesichert sind.

- Die Beachtung der Lastverteilung wurde hier vernachlässigt, das Ladegut ist zu weit nach hinten geladen. Somit kann das Fahrzeug ins Schleudern geraten und das Heck ausbrechen. Es wurden keine einzelnen Ladeeinheiten gebildet; das Ladegut wurde nur übereinandergestapelt.
- Es wurde mit nur einem Zurrgurt gesichert. Beim Niederzurren sind jedoch in diesem Fall immer **mindestens zwei Zurrgurte** zu verwenden. Bei nur einem Zurrgurt besteht die Gefahr, dass sich die Ladung unter dem Gurt verdreht.

Bild 8.77: Niederzurren mit nur einem Gurt ist leichtsinnig!

- Aufgrund des Ladungsgewichtes sind hier sicherlich mehr Zurrgurte erforderlich.
- Da das Fahrzeug keine Bordwände besitzt, kann die Ladung im Fall einer Vollbremsung ungehindert von der Ladefläche rutschen.

Dieser Transport stellt nicht nur eine starke Verkehrsgefährdung dar, er ist auch eine lebensbedrohende **Gefahr** für andere Verkehrsteilnehmer. Über eine derartig mangelhafte Ladungssicherung sollte sich der Fahrzeugführer ernsthaft Gedanken machen.

8.2 Mängel bei der Ladungssicherung

Bild 8.78: Der Kraftfahrer oder der Disponent des Fahrzeugs hat vermutlich nicht über die Sicherung dieser unterschiedlichen Güter nachgedacht.

Bilder 8.79a und b: Teile der Ladung sind gar nicht gesichert, andere wurden durch das Niederzurren beschädigt. Als Absender sollte man schon darauf achten, wem man seine Ware anvertraut.

Mängel bei der Ladungssicherung 8.2

Bilder 8.80a und b: 24 t Bäume mit Ballen, ungesichert! Fahrzeugführer, Halter und Verlader tragen hier die Verantwortung.

8.2 Mängel bei der Ladungssicherung

Bilder 8.81a bis d: Bei diesem Holztransport wurde alles falsch gemacht.

Bild 8.81a: Völlig falsche Lastverteilung: vorn kein Formschluss, hinten steht die Ladung über. „Sicherung" nur mit 6 Zurrgurten. Man hätte die hintere Ladung besser vorn unterbringen sollen.

Bild 8.81b: Fehlender Formschluss zur Stirnwand.

Bild 8.81c: Der Anhänger besitzt keine Stirnwand, was auch nicht vorgeschrieben ist. Die schwere Holzladung darf jedoch nicht nur mit 5 Zurrgurten und ohne RHM gesichert werden.

Bild 8.81d: Quadratische Kanthölzer rollen genauso wie Rundhölzer (→ Bild 8.82), wenn die Ladung ins Rutschen gerät.

Mängel bei der Ladungssicherung 8.2

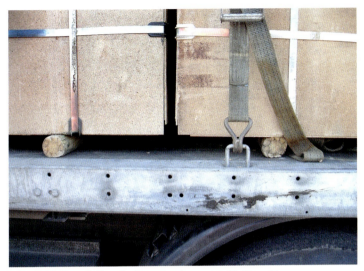

Bild 8.82: Rundhölzer laden geradezu zum Rollen ein ...

Bild 8.83: Der Stahltransport wurde nur mit einem Zurrgurt „gesichert"! Der Stahlträger kann bei einer Vollbremsung ungehindert nach vorn rutschen. (Bild: M. Jarkiewicz)

Bild 8.84: Der Blick nach hinten zeigt, dass die 5 eingesetzten Zurrgurte nichts bewirken. Hier besteht Lebensgefahr nicht nur für den Kraftfahrer, sondern auch für andere Verkehrsteilnehmer. (Bild: M. Jarkiewicz)

8.2 Mängel bei der Ladungssicherung

Bilder 8.85a bis c: Die Zurrgurte sind gerissen und wurden geknotet. Stahlplatten haben sich verschoben.

Mängel bei der Ladungssicherung 8.2

Bild 8.86: Diese Stahlteile sind gar nicht gesichert und können zum gefährlichen Geschoss werden! Die Polizei untersagte die Weiterfahrt bis zur korrekten Ladungssicherung. (Bild: M. Jarkiewicz)

Bild 8.87: Auch diese Betonsteine sind überhaupt nicht gesichert. Sollten etwa nur die Seitenklappen festgehalten werden?

Bild 8.88: Bei diesem Transport von landwirtschaftlichen Maschinen auf einem Sattelauflieger wurden nur vereinzelt Zurrmittel eingesetzt, die jedoch die Ladung nicht sichern. Die Lastverteilung ist nicht eingehalten und einige Maschinenteile liegen lose auf der Ladefläche. Halter, Kraftfahrer und auch Verlader handeln unverantworlich. Zu Recht wurde dieser Transport gestoppt. Hier verschlägt es einem die Sprache ... (Bild: M. Jarkiewicz)

8.2 Mängel bei der Ladungssicherung

Bild 8.89: ... ebenso bei diesem „niedergezurrten" Pkw. (Bild: M. Jarkiewicz)

Bild 8.90: Hier ist die Teppichfahrt vorerst zu Ende. Beim Öffnen der Seitenplane fielen die Teppiche vom Fahrzeug. (Bild: M. Jarkiewicz)

Mängel bei der Ladungssicherung 8.2

Bilder 8.91a und b: Bei diesem Reifentransport sind die Einsteckbretter bereits stark durchgebogen. Bei einer Vollbremsung würden Plane und Einsteckbretter der Belastung nicht standhalten und nachgeben. Die Reifen verteilen sich dann auf der Fahrbahn.

Bild 8.92: Man könnte meinen, der Kraftfahrer hat seinen Grabstein schon dabei. Völlig ungesichert ist er mit den Grabsteinen unterwegs. (Bild: M. Jarkiewicz)

8.2 Mängel bei der Ladungssicherung

Einige Bestimmungen, die nach ADR beim Transport von Gasflaschen zu beachten sind:

- Dichtheit, Schutz der Verschlussventile
- Verladung vorzugsweise in offenen oder belüfteten Fahrzeugen oder Containern, ansonsten Kennzeichnung „ACHTUNG KEINE BELÜFTUNG VORSICHTIG ÖFFNEN" (3.2 Tabelle A Spalte 18, 7.5.11 (CV 36) ADR).
- Beachtung der Vorschriften für die Handhabung und Verstauung – Ladungssicherung – Schutz gegen Beschädigung (3.2 Tabelle A Spalte 18, 7.5.7 und 7.5.11 (CV 9/ CV 10) ADR), u. a.
- Die Flaschen müssen in den Fahrzeugen so verstaut werden, dass sie nicht umfallen oder herabfallen können.
- Einrichtungen zur Beförderung von Flaschen (z. B. Boxpaletten, Rahmengestelle) müssen selbst gesichert sein.

Siehe auch das Merkblatt „Beförderung von Gasflaschen" der IHK Schwaben: www.schwaben.ihk.de

Bilder 8.93a und b: Gefahrguttransport ohne richtige Ladungssicherung. Der Kraftfahrer bezahlt bei solchen Verstößen 300,– €, der Verlader 500,– € und der Beförderer, wenn nicht richtige oder ausreichende Zurrmittel mitgegeben wurden, 800,– € Bußgeld (→ auch Themenbereich 8.4).

Seit 01.05.2014 gibt es eine Änderung im neuen Fahreignungs-Bewertungssystem bei mangelhafter Ladungssicherung in Verbindung mit ADR-Transporten (Abschnitt 7.5.7 Handhabung und Verstauung). Außer mit hohen Bußgeldern müssen **jetzt** auch der Beförderer, der tatsächliche Verlader und der Fahrzeugführer mit **einem Punkt** rechnen.

Mängel bei der Ladungssicherung 8.2

Bild 8.94: Schwerlasttransport, bei dem es auf die Sicherung besonders ankommt.

Bild 8.95: Diagonalzurren

Bild 8.96: Als Diagonalzurren kann man das nicht bezeichnen, außerdem hängen die Zurrketten durch.

Bild 8.97: Das ist kein Zurrpunkt – und für diese Ladung schon gar nicht.

8.3 Unfälle

8.3 UNFÄLLE

Fast täglich hört oder liest man in den Medien, dass Ladegüter, Ladungssicherungsmittel oder Hilfsmittel auf den Straßen liegen, zum Beispiel:

„Die Fracht nicht richtig festgezurrt. Rohre verursachten Busunglück".

Oder wie bei diesem Beispiel:

Bild 8.98: Der Busfahrer nahm dem Lkw die Vorfahrt. Der Fahrzeugführer des Lkw leitete eine Vollbremsung ein. Die Rohre durchschlugen die Stirnwand des Fahrzeugaufbaus und die Fahrerkabine. Im weiteren Verlauf schlugen sie noch gegen die Hinterachse des Busses.
(Foto: Johann Ridder)

Bild 8.99: Völlig ungesichert lagen diese Metallklötze auf der Ladefläche. Bei einer Vollbremsung rutschten sie nach vorn am Fahrerhaus vorbei auf die Fahrbahn. Es entstand ein erheblicher Sachschaden am Fahrzeug und an der Fahrbahn.
(Foto: Arnold Wegner)

Unfälle 8.3

Bild 8.100: Auf dem Gelände einer Spedition kam es zu einem tödlichen Arbeitsunfall. Beim Entladen seines Lkw wurde ein 48-jähriger Kraftfahrer von seiner Ladung erschlagen. Der Verlademeister hatte ihn bei einer Teilentladung des Fahrzeugs auf ungenügende Sicherung und Gewichtsverteilung überwiegend auf der Hinterachse hingewiesen. Der Kraftfahrer sicherte anschließend seine Ladung nur ungenügend durch Umlegen eines Spanngurtes, hängte diesen aber nur in die Einsteckbretter ein und nicht ordnungsgemäß an den Zurrpunkten des Fahrzeugs. Beim Öffnen der rechten Ladetür fiel ein Stapel Fenster mit einem Gewicht von ca. 530 kg von der Ladefläche und traf ihn im Kopf- und Brustbereich. Er erlitt dabei Schädelverletzungen, die zum sofortigen Tod führten. (Quelle: Polizeipräsidium Wuppertal)

8.3 Unfälle

Bild 8.101: Unfall mit Stahlmatten. Das Bild spricht für sich. Die Zurrgurte sind gerissen und die Ladung ist vom Fahrzeug gerutscht.

Bilder 8.102a und b: Links ist zu erkennen, dass die Zurrgurthaken nur in der Stahlmatte eingehakt sind. 3 Zurrgurte im Schrägzurrverfahren auf jeder Seite sind viel zu wenig. Die vordere Partie wurde niedergezurrt, was wirkungslos ist, da die Formstahlmatten federn und nachgeben. Die VDI 2700 Blatt 11 „Ladungssicherung von Betonstahl" sollte beachtet werden. (Bilder: F. Schürstedt)

Unfälle 8.3

Bilder 8.103a und b: Der Fahrer war mit ca. 60 km/h auf den Fahrbahnrand geraten, verlor die Gewalt über das Fahrzeug und kippte auf das Feld. Es entstand nur Sachschaden. In diesem Fall wurde durch die sorgfältige Ladungssicherung verhindert, dass die Papierrollen größeren Schaden anrichteten.

Bilder 8.104a und b: Der Fahrer dachte wohl, so schwere Betonplatten können nicht rutschen, doch er wurde eines Besseren belehrt. Glücklicherweise saß niemand im Pkw und es entstand nur Sachschaden. (Bilder: H. d. Vries)

8.4 Bußgelder, Urteil

8.4 BUSSGELDER, URTEIL

Bei Gefahrguttransporten ist die Bußgeldregelung für mangelhafte Ladungssicherung noch höher angesetzt als bei Nicht-Gefahrgütern.

In der GGVSEB (§ 29 Abs. 1) heißt es:

„Der **Verlader** und der **Fahrzeugführer** im Straßenverkehr haben die Vorschriften über die Beladung und die Handhabung nach ... den Abschnitten 7.5.2, 7.5.5, 7.5.7, 7.5.8 und 7.5.11 ADR zu beachten."

Es drohen hohe Bußgelder für Fahrzeugführer und Verlader in Höhe von **300,– bis 500,– €**, und für den Beförderer können sogar bis zu **800,– €** fällig werden, wenn er die erforderliche Ausrüstung dem Fahrer nicht übergibt.

Seit Mai 2014 kann sowohl der **Verlader** als auch der **Fahrzeugführer** mit einem Punkt im neuen Fahreignungs-Bewertungssystem bestraft werden, wenn gegen die GGVSEB verstoßen und die Ladung nicht gemäß 7.5.7.1 ADR gesichert wird. Dem **Beförderer** droht ebenfalls ein Punkt, wenn er die erforderliche Ausrüstung für die Ladungssicherung nicht mitgibt.

Halter bekam Bußgeld und Punkte in Flensburg.

Schilderung:

Ein Halter hatte von September 1999 bis Mai 2001 5 Bußgeldbescheide erhalten. Darunter waren 4 Bußgeldbescheide wegen Ladungssicherungsmängeln, da seine Fahrzeugführer die Ladung nicht gesichert hatten und kontrolliert worden waren. Ein Bußgeldbescheid war wegen Geschwindigkeitsüberschreitung erlassen worden, die er selbst begangen hatte.

Es wurde ihm als Halter zur Last gelegt, dass er die Inbetriebnahme der Fahrzeuge, obwohl die Ladungssicherung mangelhaft war, angeordnet habe. Der Halter hatte zwar mehrere allgemeine Dienstanweisungen für seine Mitarbeiter zur Beachtung herausgegeben, jedoch erkannte das Amtsgericht diese nicht an.

Die Begründung des Amtsgerichts: „Als Halter bzw. Verantwortlicher kann man sich nicht darauf beschränken, den Fahrern eine allgemeine Dienstanweisung zu erteilen. Seine eigene Verantwortung für die Ladungssicherung lässt sich nicht auf diese Weise auf die Kraftfahrer abwälzen. Diese Pflichten mussten ihm auch bekannt sein, da schon mehrere Voreintragungen im Verkehrszentralregister enthalten sind."

Bußgelder, Urteil 8.4

Da in dieser Zeit trotz Verwarnung wegen wiederholter Verkehrsverstöße insgesamt 15 Punkte im Verkehrszentralregister eingetragen waren, ordnete die Fahrerlaubnisbehörde ein Aufbauseminar an.

In der Begründung heißt es: „Zum Schutz vor den Gefahren, die von wiederholt gegen Verkehrsvorschriften verstoßenden Fahrzeugführern und -haltern ausgehen, hat die Fahrerlaubnisbehörde gemäß § 4 Abs. 3 StVG bei Erreichen von 14, aber weniger als 18 Punkten die Teilnahme an einem Aufbauseminar anzuordnen."

Zu den Punkten kamen Bußgelder von insgesamt ca. 1000,- DM (500,- €).

8.5 Fürs Gedächtnis

8.5 FÜRS GEDÄCHTNIS

✔ **Langgut** immer mit **Formschluss** nach vorn und hinten **und durch Umspannen** sichern.

✔ Bei **Langholz** und Langholzabschnitten darauf achten, dass **keine Lücken in den oberen Lagen** entstehen. Diese Stämme sind dann nicht gesichert!

✔ Bei **Stahlmatten** und **-platten** immer auf **Formschluss** achten. Buchtlashing.

✔ Bei rollenförmigen Gütern sind **Holzgestelle** hilfreich.

✔ Bei schweren Einzelgütern sind **Gewicht und Schwerpunktlage** zu erfragen, um die **Lastverteilung** einzuhalten.

✔ Beim **Stückgut**transport sind **Zurrnetze oder -planen** zu empfehlen. Bilden von Ladeeinheiten erwägen.

✔ Beim **Schüttgut**transport sollte mit **Zurrnetzen oder -planen** abgedeckt werden.

✔ Beim **Gefahrgut**transport sind außerdem Besonderheiten zu beachten.

✔ Achtung: Eine **ungesicherte**, freistehende **Ladung von 50 kg** würde bei nur 50 km/h **mit 4816 kg** auf die Stirnwand **aufschlagen**!

8.6 KONTROLLFRAGEN

1. **Durch welche Art der Ladungssicherung lassen sich schwere Lasten mit ARM am effektivsten sichern?**

   ❑ A durch Diagonalzurren

   ❑ B durch Niederzurren

   ❑ C durch Kombinationszurren

   ❑ D durch Kopflasching

2. **Durch welche Maßnahmen lässt sich auf der Ladefläche unter anderem ein Formschluss erreichen?**

   ❑ A Nur durch Heranstellen der Ladung an die Stirnwand

   ❑ B Durch den Einsatz von Holzpaletten zur Sicherung der Aufbauplane

   ❑ C Durch den Aufbau einer künstlichen Stirnwand aus Holzpaletten in Verbindung mit dem Kopflasching

   ❑ D Nur durch den Wechsel vom Nieder- zum Diagonalzurren

3. **Stückguttransporte lassen sich oftmals bedingt durch ihre unterschiedliche Transportgutgeometrie schwer sichern. Nennen Sie eine Möglichkeit, die Sicherung effektiv zu unterstützen.**

   ❑ A nur durch eine verstärkte Plane

   ❑ B durch den erhöhten Einsatz von Zurrgurten

   ❑ C durch den funktionsbereiten Aufbau des Fahrzeugs

   ❑ D durch Zurrnetze

8.6 Kontrollfragen

4. Big Bags, Sackware und Fässer lassen sich auch im Niederzurrverfahren sichern. Nennen Sie eine richtige Lösung.

   ❏ A   Nur mit den Zurrmitteln. Die Ware ist teilweise sehr weich; es lassen sich hohe Vorspannkräfte erreichen.

   ❏ B   Die oben benannte Ware lässt sich nicht durch Niederzurren sichern.

   ❏ C   Durch den Einsatz von für diese Artikel speziell entwickelter Ladungssicherungspappe

   ❏ D   Bei einer rundum formschlüssigen Beladung benötige ich keine Zurrmittel.

5. Sie sollen auf Ihren unbeplanten Sattelanhänger eine Rückladung von 6 Europaletten aufnehmen, die freistehend transportiert werden müssen. Wie sichern Sie diese Ladung?

   ❏ A   Die Paletten werden mit einem Gurt S_{TF} 300 daN gesichert.

   ❏ B   Die 6 Paletten haben ein Gewicht von 90 kg. Ich brauche sie nicht zu sichern.

   ❏ C   Die Paletten werden mit zwei Zurrgurten gesichert. „Ein Gurt ist kein Gurt".

   ❏ D   Ich nehme die oberen zwei Paletten auf, stelle sie hochkant und lege je einen Gurt nach vorn und hinten als Umreifung bzw. Buchtlasching.

Abkürzungen 9.1

9 ANHANG

9.1 IM BUCH VERWENDETE ZEICHEN UND ABKÜRZUNGEN IN ANLEHNUNG AN DIE DIN EN 12195-1

Zeichen, Abkürzung	Bezeichnung	Maßeinheit	Bemerkung
a	Beschleunigung/Verzögerung	m/s^2	
BC	Blockierkraft	daN	
c	Beschleunigungsbeiwert	–	
cos	Cosinus eines Winkels	–	
c_x	Beschleunigungsbeiwert längs	–	
c_y	Beschleunigungsbeiwert quer	–	
c_z	Beschleunigungsbeiwert vertikal	–	
d	Nenndicke/Nenndurchmesser einer Kette/eines Zurrdrahtseils	mm	
d	Schwerpunkthöhe	cm, m	
da	Deka	–	das Zehnfache einer Maßeinheit
daN	Dekanewton	–	Maßeinheit für die Kraft; 1 daN ≈ 1 kg
F	Kraft	N, daN	1 N = 1 kg · m/s^2 10 N = 1 daN
F_G	Gewichtskraft	N, daN	
F_H	Hangabtriebskraft	N, daN	
F_N	Normalkraft	N, daN	
F_R	Reibkraft	N, daN	
F_S	Sicherungskraft (Rückhaltekraft eines Zurrmittels)	N, daN	
f_s	Sicherheitsbeiwert	–	
F_T	Vorspannkraft des Zurrmittels	N, daN	
F_x	Massenkraft (Längskraft der Ladung, Trägheitskraft)	N, daN	

9.1 Abkürzungen

Zeichen, Abkürzung	Bezeichnung	Maßeinheit	Bemerkung
F_y	Fliehkraft (Querkraft der Ladung)	N, daN	
F_z	Vertikalkraft der Ladung	N, daN	
f_μ	Umrechnungsfaktor	–	
g	Erdbeschleunigung	N, daN	g = 9,81 m/s²
LC	Maximale Kraft in direktem Zug, der ein Zurrmittel im Gebrauch standhalten muss	N, daN	
L_G	Länge eines einteiligen Zurrgurtes	m	
L_{GF}	beim zweiteiligen Zurrgurt: Länge des Festendes	m	
L_{GL}	Länge des Losendes	m	
m	Masse	kg, t	
n	Anzahl der Zurrmittel	–	
P	Fahrzeug-Nutzlast	kg, t	
r	Radius (halber Durchmesser)	cm, m	
s	Weg, Abstand	cm, m	
S	Schwerpunktabstand des einzelnen Ladegutes zur Stirnwand	m	
S_{HF}	maximale (oder normale) Handkraft	N, daN	
sin	Sinus eines Winkels	–	
S_{res}	Abstand des Gesamtladungsschwerpunktes von der Stirnwand	m	
S_{TF}	normale Vorspannkraft (auf dem Zurrgurtetikett angegeben)	N, daN	
t	Zeit	s	
tan	Tangens eines Winkels	-	

Abkürzungen 9.1

Zeichen, Abkürzung	Bezeichnung	Maßeinheit	Bemerkung
v	Geschwindigkeit	m/s	$v = s/t$
V	Volumen	cm³, m³	$V = l \cdot b \cdot h$
w	Breite der Ladung	m	
W_{kin}	kinetische Energie (Bewegungsenergie)	J	
α	Zurrwinkel, Vertikalwinkel (Winkel zwischen Zurrmittel und Ladefläche)	°	
β	Zurrwinkel, Horizontalwinkel (Winkel zwischen Zurrmittel und Bordwand)	°	
μ	Reibbeiwert, Reibzahl	–	
$μ_S$	Haftreibbeiwert	–	

9.2 Checkliste für die Ladungssicherung

9.2 CHECKLISTE FÜR DIE LADUNGSSICHERUNG

Fahrzeug	Ja	Nein
Einwandfreier technischer Zustand gem. Betriebsanleitung/Checkliste Hersteller?		
Ist Fahrzeug für die aufzunehmende Ladung geeignet?		
Fahrzeugaufbau	**Ja**	**Nein**
Ladefläche beschädigt?		
Ladefläche gereinigt/herausstehende Nägel entfernt? (Gefahrgutreste oder Reibbeiwert verändernde Produkte, wie z. B. Sand, entfernt)		
Bordwände/Rungen vorhanden, keine optischen Schäden?		
Zurrpunkte der Ladefläche wie Ösen, Zurrschienen, Lademulden usw. nach DIN EN 12640 vorhanden und (siehe Hinweisschild für Zurrpunkte) für die Ladung geeignet?		
Plane richtig verzurrt und ohne Beschädigung?		
Spriegel weisen keine Beschädigungen auf?		
Einsteckbretter unbeschädigt und alle vorhanden?		
Bei Curtainsider: Im unteren Teilbereich 3-4 Einsteckbretter möglichst Aluminium (nach Vorgabe des Herstellers)		
Schwerpunkt-/Lastverteilung eingehalten?		
Ladungssicherung	**Ja**	**Nein**
Ist die Ladung so gesichert, dass Beschädigungen oder Verluste ausgeschlossen sind?		
Ladungssicherungsmittel, wie Netze, Planen, Ladegestelle, Antirutschmatten, Rechteckhölzer, Keile usw., vorhanden, genutzt und im ordnungsgemäßen Zustand?		
Verzurrseile und Ketten vorhanden? Geprüft und Angaben auf Kennzeichnungsanhänger beachtet?		
Zurrgurte geprüft und Angaben auf dem Zurrgurtetikett beachtet?		
Ladung durch geeignete Mittel gegen Verrutschen gesichert?		
Punktbelastungen der Ladefläche (z. B. bei Rohren, Papierrollen usw.) beachtet und durch Rechteckhölzer auf der Ladefläche verteilt?		
Kantenschutz für Zurrgurte, Ketten, Seile verwendet?		
Vorspannkraft ermittelt?		
Container/Wechselbrücke: Twistlock ordnungsgemäß verriegelt? Containertür nicht belastet?		
Begleitpapiere	**Ja**	**Nein**
Sind die erforderlichen Papiere vorhanden (Gefahrgut)? (Sichtprüfung)		
Kennzeichnung	**Ja**	**Nein**
Ist Fahrzeug bzw. Container/Wechselbrücke korrekt gekennzeichnet? (Sichtprüfung)		
Ausrüstung	**Ja**	**Nein**
Ist die Fahrzeugausrüstung vollständig und in Ordnung? (Sichtprüfung)		
Ist bei ADR-Transporten die Ausrüstung gem. schriftlichen Weisungen vollständig und in Ordnung? (Sichtprüfung)		

9.3 LÖSUNGEN DER KONTROLLFRAGEN

Themenbereich 1
1   B
2   C
3   D
4   A
5   B
6   A

Themenbereich 2
1   C
2   B
3   A
4   B
5   B

Themenbereich 3
1   D
2   C
3   D
4   D
5   B

Themenbereich 4
1   A
2   C
3   B
4   B
5   D

Themenbereich 5
1   A
2   D
3   C
4   C
5   D
6   D

Themenbereich 6
1   D
2   C
3   A
4   D
5   D

Themenbereich 7
1   B
2   A
3   B

Themenbereich 8
1   C
2   C
3   D
4   C
5   C

10 Stichwortverzeichnis

10 STICHWORTVERZEICHNIS

A

Abkürzungen *227*
Ablegekriterien
   Zurrgurt *102*
   Zurrmittel *102*
Ablegereife *102*
   Zurrdrahtseil *119*
   Zurr-Drahtseilgurt *119*
   Zurrgurte *102*
   Zurrketten *112*
Absender *11, 26*
ADR *21, 216*
Altpapierballen *182*
Anschlagmittel *149*
Antirutschmatten *185*
Antirutschmatten (ARM) *187*
Anzahl Zurrpunkte *65*
Aufbau
   Zurrdrahtseil *118*
   Zurrgurt *101*
   Zurrkette *112*
Aufbauten *54*
   Wechselbehälter *54*
Auszüge
   Vorschriften *13*

B

Bagger *192*
Baggerschaufel *195, 202*
Baumaschinen *194, 195*
Beförderer *11*
Beförderungssicherheit *12*
Belastbarkeit von Stirnwand und
   Seitenwänden *48*
Berechnung
   Formschluss *140*
   Niederzurren *125, 132, 133*
   Niederzurren mit
     Blockierung *133*

Schrägzurren *139*
Berechnung Diagonalzurren
   (Formel) *137*
Berufsgenossenschaftliche
   Vorschriften *19*
Beschädigungen *103, 120*
Betonteile *198*
Betriebssicherheit *12*
BGB *22*
Big Bags auf Palette *187, 188, 189*
Blockierkraft des
   Formschlusses *141*
Bodenbelastbarkeit *66*
Buchtlasching *91, 167, 169*
Bußgelder *222*

C

Checkliste *230*
Code „L" *48*
Code „XL" *50*
CTU Code *9, 21, 37, 41*

D

DGUV *19*
Diagonalzurren *77, 86*
Diagonalzurren Tabelle *135*
Diagonalzurrverfahren *78, 86*
DIN EN *11*
Durchmesser des Zurrmittels *99*

F

Fahrer *11*
   Pflichten *13*
Fahrzeugaufbauten *47*
Fahrzeuge über 3,5 t *48*
Fahrzeugführer *11, 24*
Fahrzeughalter *26*
Fahrzeugrahmen *56*
Festigkeit, Zurrpunkte *64*

Stichwortverzeichnis 10

Fliehkraft 33
Formel
    Berechnung Niederzurren mit Blockierung 133
    Niederzurren 132
Formschluss 77
    Berechnung 140
Formschlüssige Ladungssicherung 77

G
Gastank 196
Gefahrguttransport 216
Geprüfte Aufbaufestigkeit 50
Gesamtschwerpunkt 71
Gewichtskraft 33

H
Haftungsfrage 27
Halter 11, 56
Handhabung
    Zurrdrahtseil 116
    Zurr-Drahtseilgurt 116
    Zurrgurte 98
    Zurrketten 110
Handkraft (Handzugkraft) (SHF) 98
Hangabtriebskraft 34
HGB 23
Hilfsmittel zur Ladungssicherung 20, 145
Holz 40, 151
Horizontalzurren 77, 91

K
Kabeltrommeln 179
Kantenschoner 145
Kantenschutzwinkel 145
Kanthölzer 151, 210
Kennzeichnung
    Zurrdrahtseil 121
    Zurrgurte 106

Zurrkette 114
Kippsicherheit 42
Kopfbänder 149
Kopflasching 92, 150, 169
Kräfte 31
Kraftschlüssige Ladungssicherung 77
Kurzholz 173

L
Ladeeinheit 163, 203
Ladelücke 77
Ladungsschwerpunkt 68
Ladungssicherung
    Mängel 206
Langgut 167
Langholz 170, 173
    -abschnitte 170
    -transport 170
Lastverteilung 68
Lastverteilungsplan 70, 71, 72

M
Mängel
    Ladungssicherung 206
Massenkraft 34
Materialpaarung 35, 36, 40

N
Netze 153
Niederzurren 77
    Berechnung 125
    Formel 132
    Tabelle 125
Niederzurrverfahren 78
Normale Spannkraft 109
Normalkraft 34
Normen 10
Nutzvolumen 73

233

10 Stichwortverzeichnis

O

OWiG *15*

P

Paletten
 -mit Säcken *185*
Palettierte Säcke *202*
Papier auf Paletten *182*
Papierrollen *182*
Pflichten
 Fahrer *13*
Planen *153*
Polyamide *97*
Polyester *97*
Polypropylen *97*
Punkte in Flensburg *222*

R

Radlader *191*
Rechtsvorschriften *9*
Reibbeiwert *35, 80*
Reibkraft *35*
Reibung *35*
Reifentransport *215*
RHM, rutschhemmendes
 Material *182*
Richtlinien *10*
Rohre *182*
RSEB *21*
Rundschlingen *149*
Rungen *162*
Rutschhemmendes Material,
 RHM *182*
Rutschhemmende Unterlagen *159*

S

Sackware auf Palette *185*
Schienen *157*
Schnittholz *175*
Schrägzurren *77*

Schüttgut *205*
Schwerlasttransport *217*
Schwerpunkt *42*
Schwertransport *196, 198*
 Baumaschinen *190*
Seitenwände *48*
Sicherheitsbeiwert fs *132*
Sicherungskraft *41*
Spannkraft (Normal) *109*
Stahl *199*
Stahlcoils *181*
Stahlmatten *176*
Stahlplatten *177, 178*
Stahltransporte *199*
Stahlwellen *169*
Standfestigkeit *42*
Staupolster *164*
Steckrungen *162*
StGB *13*
Stirnwand *48*
Stückgut *199*
StVO *18*
StVZO *18*

T

Tabelle
 Diagonalzurren *135*
 Formschluss *140*
 Niederzurren *125*
Tabelle Niederzurren *127*
Trägheitskraft *34*

U

Umrechnungsfaktor f_μ *137*
Umreifung *163*
Unfälle *218*
Unterlagen
 rutschhemmend *159*
Unternehmer *11*
Urteil *27, 222*

Stichwortverzeichnis 10

V
VDI 2700 *10*
VDI-Richtlinien *10*
Verantwortlichkeiten *24*
Verkehrssicherheit *12*
Verlader *12, 25*
Vorschriften
   Auszüge *13*
Vorspannkraft *78, 125*

W
Wechselbehälter *54*
Weitere Verantwortliche *27*
Wellen *182*
Werkstoffe
   Zurrdrahtseile *115*
   Zurr-Drahtseilgurte *115*
   Zurrgurte *97*
   Zurrketten *110*
Winkelmesser *79*

Z
Zurrdrahtseil
   Ablegereife *119*
   Aufbau *118*
   Handhabung *116*
   Kennzeichnung *121*
   Werkstoffe *115*

Zurr-Drahtseilgurt
   Ablegereife *119*
   Handhabung *116*
   Werkstoffe *115*
Zurrgurt *97*
   Ablegekriterien *102*
   Aufbau *101*
   Handhabung *98*
   Kennzeichnung *106*
   Werkstoffe *97*
Zurrgurtetikett *109*
Zurrgurtnetz *200*
Zurrkette
   Ablegereife *112*
   Aufbau *112*
   Handhabung *110*
   Kennzeichnung *114*
   Werkstoffe *110*
Zurrkraft (LC) *98*
Zurrmittel *95*
   Ablegekriterien *102*
Zurrpunkte *55*
   Anzahl *65*
   Festigkeit *64*
Zurrpunktschild *63*
Zurrwinkelmesser *79*
Zurrwinkel α *86*
Zwischenwandverbindung *153*